绝缘子直流覆冰试验方法与应用

周仿荣　杨剑蓝　潘浩　蒋兴良◎著

西南交通大学出版社
· 成都 ·

图书在版编目（CIP）数据

绝缘子直流覆冰试验方法与应用 / 周仿荣等著. —
成都：西南交通大学出版社，2022.12
ISBN 978-7-5643-9054-9

Ⅰ. ①绝… Ⅱ. ①周… Ⅲ. ①复合绝缘子 – 直流输电
线路 – 冰凌防护 – 研究 Ⅳ. ①TM216②TM726

中国版本图书馆 CIP 数据核字（2022）第 236460 号

Jueyuanzi Zhiliu Fubing Shiyan Fangfa yu Yingyong
绝缘子直流覆冰试验方法与应用

周仿荣 杨剑蓝 潘 浩 蒋兴良 / 著

责任编辑 / 李芳芳
封面设计 / 原谋书装

西南交通大学出版社出版发行
（四川省成都市金牛区二环路北一段 111 号西南交通大学创新大厦 21 楼 610031）
发行部电话：028-87600564 028-87600533
网址：http://www.xnjdcbs.com
印刷：四川煤田地质制图印务有限责任公司

成品尺寸 185 mm × 240 mm
印张 7.5 字数 155 千
版次 2022 年 12 月第 1 版 印次 2022 年 12 月第 1 次

书号 ISBN 978-7-5643-9054-9
定价 49.00 元

《绝缘子直流覆冰试验方法与应用》
编 委 会

主要著者：周仿荣　杨剑蓝　潘　浩　蒋兴良

其他著者：钱国超　马　仪　张　辉　徐　真

高振宇　于　辉　马宏明　马御棠

马显龙　耿　浩　文　刚　黑颖顿

赵　鹏　者梅林　罗　艺　王乾龙

凌维周　许保瑜　何　顺　彭兆裕

代维菊　洪志湖　杨明昆　周兴梅

翟　兵　钟剑明　张　毅　朱钱鑫

昴孙清　普国友

前言

我国是世界上输电线路冰害最严重的国家之一，最早有记录的输电线路冰害事故出现于1954年。2008年1月至2月，中国南方发生历史罕见的大面积冰灾事故，造成贵州电力系统解体和湖南等省部分地区长时间电力崩溃。通过分析新中国成立以来我国电力系统发生冰害事故的资料可以发现，早先覆冰导致的故障多为机械故障，这些故障是由于原线路设计标准太低、机械强度不够造成的，通过改进和修订标准，是可以避免的。但我国电力资源分配不均衡，随着我国电网的不断发展，西电东送、南北互供、全国联网等电力发展战略的实施和特高压交直流输电线路的建设，绝缘子覆冰闪络问题日渐突出，成为电力系统安全运行亟待解决的关键技术之一。

为解决输电线路绝缘子覆冰这一难题，必须从根本上研究绝缘子覆冰的形成机理与闪络特性。目前国内外对覆冰状态下绝缘子电气性能方面的研究较多，而且这些研究大多是在实验室内试验或者户外实验场观测的结果，较少研究绝缘子覆冰的形成机理和覆冰试验方法的比较，对实验室覆冰和自然覆冰试验存在的等价性问题更是很少研究。

本书针对复合绝缘子和盘形式悬式绝缘子在直流覆冰试验中的预染污方法、带电覆冰和不带电覆冰方法及其差异性进行了研究，分别采用最大耐受法、恒压升降法、均匀升压法和“U”形曲线法对覆冰绝缘子串电气特性进行了对比研究，对均匀升压法和50%耐受电压法中的试验次数进行了分析。采用高速摄像机拍摄绝缘子表面电弧发展过程，并分析影响电弧发展的因素。

本书的研究成果和试验数据可作为从事输变电设备防冰抗冰方向的科研和工程人员的参考，可有效推动电网防冰抗冰事业的进一步发展。

目 录

第3章　覆冰绝缘子闪络电压的统计特性分析 / 021

第4章　预染污方法及其对覆冰绝缘子电气特性的影响 / 038

第1章 绪论

1.1 绝缘子直流覆冰的目的和意义

电力作为唯一能大规模利用煤炭、水能、核能和其他一次能源的二次能源，具有健康、环保的特点，是保障国民经济快速、健康发展的基础。我国一次能源和负荷中心在地域上分布极不均匀。发电用的常规能源（水能和煤炭资源）主要分布在西部地区，85%的煤炭资源和77.9%的可开发水电资源集中在西部地区，而电能负荷中心又偏向东南沿海与近海地区[1]。因此，大力发展电力行业，将我国西部丰富的水火电资源输送到经济发达的东部地区，在全国范围内对一次能源的合理分配和充分、有效的利用迫在眉睫。根据“西部大开发”、电能“西电东送、南北互供”的发展战略，我国在已建成的北、中、南三条输电通道的基础上，规划建设多条1 000 kV交流和 ± 800 kV直流特高压输电线路[2]，通过“28+3”条特高压输电线路形成西电东送、南北互送和全国统一大联网。但由于我国地形复杂多样，这些线路中大部分必然要穿过高海拔、覆冰（雪）、污秽、酸雨酸雾、强雷暴等恶劣复杂的气候环境地区，因此，研究高海拔、污秽、覆冰（雪）、酸雨（雾）等复杂的气候环境条件对输电线路外绝缘的影响已成为本学科的前沿课题。

在输变电工程中，输电线路覆冰现象较为普遍，由此引起的故障严重地影响了电力系统的正常安全运行。覆冰可以引起导线舞动、杆塔倾斜、倒塌、断线及绝缘子闪络，从而造成重大事故。最早有记录的输电线路覆冰事故出现在1932年[3,4]，在此之后，国内外均有大量关于覆冰积雪造成输电线路事故的报道。

1963年11月，美国西海岸一条345 kV输电线路，在史蒂汉斯山口发生绝缘子串覆冰闪络，运行人员在现场观测到，在恢复送电3 ~ 4 min内，覆冰绝缘子由微弱放电迅速发展成全面闪络，以至无法供电；1966—1967年冬，瑞士阿尔卑斯山的400 kV输电线路因覆冰绝缘子放电导致接地短路事故[5]；1974年1月，美国田纳西峡谷的500 kV输电线路悬垂绝缘子由于冰柱桥接致大面积闪络[6]；1986年，加拿大安大略省由输电线路覆冰引起的绝缘子串闪络事故达57次；1988年，魁北克安那迪变电站连续发生6次绝缘子闪络事故，造成加拿大魁北克省大部分地区停电[7]。1998年，加拿大的冻雨事故使得包括735 kV输电线路在内的1 000多个基铁塔和30 000个基木杆倒塌，累计170余万人中断供电达一周之久，因停电冻死120多人。仅魁北克水电公司直接经济损失就达10亿加元，间接损失达30亿加元[8,9]。

我国是世界上输电线路冰害最严重的国家之一，最早有记录的输电线路冰害事故出现于1954年[7]。据不完全统计，20世纪50年代以来我国输电线路发生的大小冰灾事故已达上千次。1954年，湘中电力系统14条输电线路发生断杆倒塔事故；1984年，贵州省电力系统发生大范围架空线路覆冰事故，全省27.37%线路跳闸，共计131条次，平均每天跳闸4条次，造成贵州省电力系统解体；1992年10月，青海省龙羊峡至西宁的2回330 kV输电线路在日月山口地段发生了雨凇覆冰倒塔8基的重大事故，直接经济损失达600多万元[7]；2001年初，河南省电力系统220 kV输电线路绝缘子大面积覆冰闪络，河南省电力系统几乎瓦解；2005年2月，湖南、湖北、重庆发生大面积冰灾，造成多条输电线路倒杆塔事故，并伴随有导线舞动和绝缘子串冰闪事故，仅湖南省就有700多万人受灾，直接经济损失超过10亿元[10,11]；2004年12月至2005年1月，我国华中电网经历了两次大面积冰灾事故，三广直流和龙政直流也发生了覆冰闪络。2006年1月，龙政线由于绝缘子串覆冰闪络再次造成双极跳闸；2008年1月至2月，中国南方发生历史罕见的大面积冰灾事故，造成贵州省电力系统解体和湖南等省部分地区长时间电力崩溃。冰闪已成为影响输电线路安全可靠的一个重要因素。

分析新中国成立以来我国电力系统发生冰害事故的资料可以发现，早先覆冰导致的故障多为机械故障，这些故障是由于原线路设计标准太低、机械强度不够造成的，通过改进和修订标准，是可以避免的。但我国电力资源分配不均衡，随着电网的不断发展，西电东送、南北互供、全国联网等电力发展战略的实施和特高压交直流输电线路的建设，绝缘子覆冰闪络问题日渐突出，成为电力系统安全运行亟待解决的关键技术之一。

为解决输电线路绝缘子覆冰这一难题，必须从根本上研究绝缘子覆冰的形成机理与闪络特性。目前国内外对覆冰状态下绝缘子电气性能方面的研究较多，而且这些研究大多是在实验室内试验或者户外实验场观测的结果，较少研究绝缘子覆冰的形成机理以及对覆冰试验方法进行比较，对实验室覆冰和自然覆冰试验存在的等价性问题更是研究很少。

与绝缘子污秽试验和淋雨试验不同的是，在覆冰（雪）试验方法方面，目前还没有国际性的标准方法提出。如今，许多研究者和试验工程师们提出了各自的试验方法，但这些方法的试验结果差异性较大，很难进行区别比较，因此非常有必要对绝缘子覆冰试验方法进行进一步的研究。

合成绝缘子具有重量轻、强度高、无零值、耐污性能好、运行维护方便等优点，从节约成本的角度出发，应当优先考虑使用合成绝缘子。目前，我国合成绝缘子的使用数量已经有两百多万支，且呈逐年上涨的趋势。合成绝缘子大都用于污秽严重的地区，在高海拔、覆冰地区的运行经验几乎没有。关于合成绝缘子覆冰试验研究的成果也少见报道，目前只有少量关于短串合成绝缘子覆冰方面的研究，且主要是针对电弧增长过程和闪络特性的研究。这些研究成果对研究长串合成绝缘子覆冰试验方法和冰闪特性有指导意义，但不能完全代替长串绝缘子外绝缘特性的研究。我国西电东送的主要线路大都途经大面积高海拔、覆冰地区（如云南、贵州、湘西北及川渝等地区），从电网安全可靠的实际出发，应该进行复合绝缘子的覆冰理论研究。

覆冰是一种特殊的污秽形式。本书将主要以110 kV复合绝缘子（FXBW-110）和800 kV直流复合绝缘子短样为试品，分析复合绝缘子表面覆冰的形成与各种影响因素之间的关系，探讨固体涂层法和覆冰水电导率模拟染污的等价性，并对几种试验方法特别是加压方法进行对比研究，得出最优化的加压方法和各种试验方法所得结果的等价性关系，研究覆冰状态对冰闪过程的影响和合成绝缘子的冰闪特性，能进一步填补国内外研究的空白，对输电线路绝缘子的设计和选择等问题有着重要的指导作用；对于推动学科建设及学科交叉，加速西部能源利用开发的进程，实现西电东送、全国联网和防止电力系统出现大面积冰害均具有十分重要的科学理论价值和工程应用价值。

1.2 国内外研究现状

自20世纪50年代以来，输电线路覆冰严重的加拿大、日本、美国、芬兰、冰岛、英国、挪威等国家都投入大量的人力物力对输电线路覆冰进行长期的现场观测和试验研究。这些国家不仅绘制线路覆冰分布图[7,8]，而且制定覆冰的测试标准、抗冰设计规程[12]。我国于1976年制定《重冰区线路设计规程草案》，首次提出“避”“抗”“熔”“改”“防”五字防冰害的综合技术措施[10,11]。虽然我国在此领域的研究起步较晚，但通过广大科研工作者的不断努力，也取得了许多研究成果。

1.2.1 覆冰的种类与性质

输电线路覆冰是一种分布相当广泛的自然现象，是过冷却水撞击在低温物体上并被捕获而冻结起来的。覆冰是由气象条件决定的，它是受温度、湿度、冷暖空气对流、环流以及风速等因素决定的综合物理现象，其形成既是一个热力学的过程，也是一个流体力学的过程[7]。

从热力学观点来看，覆冰是液态过冷却水滴释放潜热固化的一种物理过程，与热量的交换和传递密切相关。覆冰量、冰厚、冰的密度都取决于覆冰表面的热平衡过程。从流体力学的观点来看，输电线路覆冰是捕获气流中过冷却水滴而发生的一种随机的物理现象。

影响绝缘子覆冰的因素很多，主要有气象条件、地形及地理条件、海拔高程、凝结高度、绝缘子悬挂高度、绝缘子盘径、绝缘子结构、风速风向、水滴直径、电场强度及负荷电流等。当过冷却水在0℃及其以下的云中或雾中水滴与绝缘子表面碰撞并冻结时，覆冰现象产生。在冬季，当温度低于0℃时，大气中的小水滴将发生过冷却；在高空甚至在夏季水滴也会发生过冷却。处于过冷却水滴包围的输电线路绝缘子与气流中过冷却水滴发生碰撞，并冻结在绝缘子表面而形成覆冰。绝缘子表面发生覆冰现象必须满足3个条件：① 大气中必须有足够的过冷却水滴；② 过冷却水滴被绝缘子捕获；③ 过冷却水滴立即冻结或在离开绝缘子表面前冻结。其中，必要条件①取决于气象条件，是气象学问题；必要条件②是流体力学过程，由流体力学定律来决定；必要条件③是热力学问题，由覆冰表面的热平衡方程来确定。

1953—1958年，D.Kuroiwa、I.Imai、T.Fujimura等人通过对自然覆冰的长期研究[4,7,13,14]，提出了覆冰是大气中的过冷水滴在风力等作用下碰撞物体表面冻结而形成的，并根据覆冰的外形、形成和影响的条件、密度和物理性质将覆冰分为3种类型：雨凇（Glaze）、雾凇（Rime）和混合凇（Mix Rime），其形成条件和主要参数如表1.1所示。IEC推荐将覆冰分为雨凇、混和凇、软雾凇和湿雪4类。而中国和日本的研究人员将覆冰分为雨凇、雾凇、混合凇、白霜、积雪（包括干雪和湿雪）5类[15]。其中，雨凇覆冰是最严重的一种覆冰形式。

表1.1 自然覆冰的分类及其形成条件[7,16]

覆冰类型	性质	形成的条件及过程
雨凇	纯粹、透明的冰，坚硬，可形成冰柱，密度0.8～0.917 g/cm³或更高，黏附力很强	在低地区过冷却雨或毛毛细雨降落在低于冻结温度的物体上形成，气温−2～0℃；在山地由云中来的冰晶或含有大水滴的地面雾在高风速下形成，气温−4～0℃
硬雾凇	不透明（奶色）或半透明冰，常由透明和不透明冰层交错形成，坚硬，密度 0.6～0.8 g/cm³，黏附力强	在低地由云中来的冰晶或有雨滴的地面雾形成，气温5～0℃；在山地，在相当高的风速下，由云中来的冰晶或带有中等大小水滴的地面雾形成，气温−10～−3℃
软雾凇	白色，呈粒状雪，质轻，为相对坚固的结晶，密度 0.3～0.6 g/cm³，黏附力颇弱	在中等风速下形成，在山地由云中来的冰晶或含水滴的雾形成，气温−13～−8℃
白霜	白色，雪状，不规则针状结晶，很脆而轻，密度0.05～0.3 g/cm³，黏结力弱	水汽从空气中直接凝结而成，发生在寒冷而平静的天气，气温低于−10℃
雪和雾	在低地为干雪，密度低，黏附力弱，在丘陵为凝结雪和雨夹雪或雾，重量大	黏附雪经过多次融化和冻结，成为雪和冰的混合物，可以达到相当高的重量和体积

按照覆冰形成的物理过程和气象条件，可将输电线路覆冰分为三类[4,7,13]。

第一类是由降水产生的覆冰雪，即降水覆冰（Precipitation Icing），包括由冻雨而形成的雨凇和覆雪（Snow）。第二类是处在过冷却状态下的液体云粒或水滴碰到地面物体上，经过冻结后而产生的覆冰，此类覆冰称为云中覆冰（In-Cloud Icing）；云中覆冰的产生是由于过冷却的云或者雾的水滴与地面物体相碰撞冻结而形成的。第三类是大气中的水蒸气直接冻结或经过凝华而在地面物体上形成的一种霜，是经过凝华而产生的，称为凝华覆冰（Sublimation Icing），也称这种覆冰为晶状雾凇。三类覆冰中，云中覆冰发生的概率最大，引起的输电线路事故也最多。

按照水滴半径、空气中液态水含量、气温、风速4个参量，输电线路绝缘子覆冰分为干增长和湿增长过程，这主要由冰面的温度决定[7]。干增长过程中，冰面和环境温度低于0℃，碰撞的过冷却水滴几乎会全部冻结在覆冰表面，覆冰表面处于干燥状态；而湿增长过程中，冰面停留在冰点[7,15,17]，相碰撞的水滴部分冻结，其余部分以液体水流失，文献[18]还列出了干湿增长的临界条件。后来的研究表明[7,18]：对于不同类型覆冰，雾凇和干雪是干增长覆冰过程，雨凇和湿雪是湿增长覆冰过程，而混合凇是介于干、湿增长之间的一种覆冰过程。其中湿增长的覆冰绝缘子比干增长的覆冰绝缘子耐受电压要低，更为危险[19,20]。所以，常常以研究雨凇覆冰为主，根据C.Kuoiwa的试验和理论分析，在圆柱体上覆冰时，单位长度雨凇增长率的计算公式为[7,18]：

$$\frac{\mathrm{d}m}{\mathrm{d}t}=1.05\times10^{-5}\sqrt{vRT} \qquad (1.1)$$

式中，m为覆冰量，g；v为风速，m/s；R为圆柱体半径，cm；T为环境温度，℃。

1.2.2 覆冰绝缘子表面污秽程度的模拟

绝缘子在覆冰过程中不避免会有污秽，污秽的种类有工业污秽和自然污秽两种形式。在我国的东南沿海地区，以工业污秽为主，污染严重；在西部地区，由于远离工业中心，受工业污染较轻，以自然污染为主，污染较轻。污秽对覆冰绝缘子串的外绝缘特性影响很大，即使轻微的污秽，也将使覆冰绝缘子串的闪络电压显著下降。因而研究污秽对覆冰绝缘子串闪络特性的影响有着十分重要的意义。而污秽的模拟方法对研究覆冰绝缘子串放电特性影响很大，直接关系到试验研究与工程实际是否相符。

绝缘子覆冰是一种特殊的污秽形式，这不仅因为冰闪是冰中含有的污秽等导电杂质造成的，而且从污秽绝缘子和覆冰绝缘子的耐受电压和闪络机理也可发现其相似性。通常采用固体涂层法模拟覆冰前的染污，用覆冰水电导率法模拟覆冰过程中的染污。试验中最常用、最方便的方法是采用改变覆冰水电导率γ的方法来模拟不同程度的污秽。不同的SDD及与其相对应的$NSDD$下的γ值如表1.2[21,22]所示。

表1.2　SDD和覆冰水电导率的对应关系[15]

SDD/（mg/cm^2）	$NSDD$=1 mg/cm^2			$NSDD$=2 mg/cm^2		
	0.01	0.03	0.05	0.10	0.30	0.50
γ_{20}/（μS/cm）	160	430	640	1120	2700	3350

采用固体涂层法时，污秽在绝缘子上的分布不均匀，靠近绝缘子表面的冰层污秽较重，而冰层外表层的污秽较轻。在轻冰时，这种不均匀度影响不大；但在重冰时用固体涂层法染污的绝缘子冰闪电压要比用覆冰水电导率来模拟染污的高些。其原因是，在采用涂污法时，污秽在绝缘子表面冰层里分布不均匀，靠近绝缘子的冰层污秽大，而覆冰绝缘子的外表面冰层虽然由于晶析作用污秽也会增大，但与内表面冰层相比要小得多。当使用覆冰水电导率来模拟污秽时，污秽在冰层里分布较均匀，但电导率达300 μS/cm以上后，泄漏电流和放电过程比较剧烈，对于带电覆冰可能导致绝缘子在覆冰阶段过早闪络，同时，比较高的电导率时会减少覆冰量的积累[19]。

研究表明，覆冰绝缘子的污闪电压与γ之间的关系和污秽绝缘子类似[7,17]，亦为幂指数关系，可表示为：

$$U(p,\gamma,W)=B\gamma^{-l} \tag{1.2}$$

式中，l为覆冰绝缘子的污秽影响特征指数，与绝缘子的结构形状有关；B为与p、W、绝缘子结构有关的常数。

1.2.3 绝缘子覆冰方法研究

影响绝缘子人工覆冰的主要因素有环境温度、风速、水滴直径大小和空气中液态水含量。电场对绝缘子覆冰的增长速度、质量和密度、空气间隙冰凌的生长等均有较大影响[25,26]，因此，带电人工覆冰更接近实际运行条件。

1. 自然覆冰

自然覆冰是在严重覆冰线段建立试验站，利用覆冰地区的实验运行线路做绝缘子覆冰试验[7,23]。虽然覆冰符合实际情况，但受地域和季节影响，试验时间长，成本高且难以控制，试验结果分散性很大；故多用自然覆冰观测其覆冰特性及规律，闪络特性研究则主要依托于人工覆冰试验。

2. 人工覆冰

人工覆冰是在人工气候室模拟自然条件进行的覆冰试验，是研究覆冰绝缘子电气特性的主要手段。其特点是在短期内可获得足够多的试验数据，易控制，重复性好[7,24]。但会因各个实验室设备、工作人员的熟练度等不同出现差异。

绝缘子人工覆冰有带电覆冰和不带电覆冰两种。线路绝缘子覆冰大多带电生成，线路电场对绝缘子覆冰的增长速度、质量和密度、空气间隙冰凌的生长等均有较大影响[25,26]，因此，带电人工覆冰更接近实际运行条件。在相同的外部条件下，带电和不带电覆冰的绝缘子串结冰情况有所差异，不带电绝缘子串几乎被厚厚的冰层包裹和桥接着，带电串高压端由于电弧的作用并没有被冰凌完全桥接。在同一覆冰状态下，带电覆冰的绝缘子串的冰闪电压高于不带电覆冰绝缘子。且带电覆冰试验实施困难、危险，特别是在直流电压下更是如此，目前很少采用。为此，较低电压覆冰，到覆冰要求后再升高电压进行闪络试验[23]。此法危险性相对较小，虽不能完全反映运行线路绝缘子的实际覆冰的情况，一定程度上考虑了电场及覆冰过程中泄漏电流的影响。

现场观测和实验室研究均表明，在带电和不带电情况下绝缘子的覆冰状况不同，放电过程也有所差异。

张志劲等[25,26]通过对三种不同类型（瓷、玻璃、合成）绝缘子研究发现：带电情况下绝缘子高压端不易被冰凌桥接；带电与不带电时绝缘子覆冰的状态有明显差异，带电时绝缘子覆冰更为松散，且多呈松针状，密度较小。

由于覆冰状态影响其冰闪特性，因此，今后进行覆冰绝缘子闪络特性研究时应考虑这种影响；由于在带电覆冰情况下电场的作用，冰凌不能将长串绝缘子高压端伞裙之间的气隙完全桥接[19]，相同覆冰环境下，带电覆冰绝缘子的耐受电压和闪络电压均高于不带电覆冰的情况。

人工气候室模拟覆冰方法目前尚无标准。参照IEEE相关标准和许多研究经验，文献[23]建议：在人工覆冰过程中，气候室的温度、风速和喷雾量应可控且能维持稳定；喷头的喷水量（60 ± 2）L/（h · m^3）。为了得到垂直的在沿绝缘子表面分布均匀的冰柱，粒度小于100 μm的过冷却水滴覆冰过程中风速应小于3 m/s，其不稳定度小于10%，而当风速达到6 m/s，沿绝缘子串冰柱不均匀，并出现扭曲和倾斜[16,17]。对较大的过冷却水滴，可适当加大风速，但应保证过冷却水滴碰撞覆冰表面且温度小于0℃，风与覆冰表面的法向方向宜取约45°。覆冰过程中保持绝缘子串匀速旋转，在大多数情况下，冰和冰凌会先在迎风面增长。覆冰类型的不同主要是由喷头喷出的覆冰水的中值体积直径决定的。

绝缘子表面的覆冰厚度通过测量旋转圆柱体上积累的厚度来表征[19]，旋转圆柱体安装在试验绝缘子附近的覆冰水喷淋区域内，并与绝缘子串相垂直水平放置，其直径为25 ~ 30 mm，长度为600 mm左右。

1.2.4　覆冰绝缘子电气试验方法

覆冰期试验：它模拟了覆冰过程中绝缘子的电压耐受特性，这类试验要求在原来的各种覆冰情况下，覆冰达到预期效果时进行。覆冰试验是在覆冰工作完成且冰的表面有导电水膜时马上对试品施加电压进行试验[27]，试验的准备时间很短，一般为2 ~ 3 min。在这段时间内要完成拍照、试验设备的调试以及测量覆冰的厚度。在这个时期完成之后，立即施加电压。

融冰期试验：这类试验是在绝缘子暴露在类似太阳升起和暖雾造成周围环境上升到足够高从而引起冰融化的过程中进行的。根据现场运行经验，大部分冰闪事故都是发生在融冰期，所以闪络试验多在融冰期进行。用来模拟覆冰绝缘子在融冰过程中的闪络特性，该特性是工程设计的重要参考依据。

融冰期试验在试验前绝缘子需继续干冻15 min，保持风速和冷室内的温度和覆冰时相等，以确保冰的完全冻结且绝缘子和冰层温度一致。干冻过程结束后，立即进行融冰试验，室温迅速从零下上升到融冰的温度，温度应该迅速上升到-2℃，其后温度缓慢上升，并且上升的速度应该控制在每小时2～3℃，温度和相对湿度应该得到控制，它们也会影响闪络电压水平。在这个过程结束后，冰层开始融化且开始有水滴落下时，试验电压被施加到试验绝缘子上。这期间最重要的一步是确定临界时刻，这个时刻对应着最有可能闪络的时间。这个时刻有几个显著的特点：冰的表面有水膜，且表面光泽，有水滴开始从冰凌上飞溅出来，或者漏泄电流超过15 mA[19]。在这个时刻电压要迅速升高到闪络电压的水平并且保持直到闪络的发生或者冰层显著脱落或者15 min耐受通过。推荐估计闪络电压70%以前迅速升压，以上电压上升速度保持在每秒为估算闪络电压值的3（1 ± 1%）。

覆冰期和融冰期绝缘子的电气特性均可用耐受特性和闪络特性来表征。表1.3为加拿大魁北克大学西库迪米分校推荐的3种方法。

表1.3　覆冰绝缘子电气特性试验方法

试验步骤	试验方法		
	覆冰期电气特性试验方法	融冰期电气特性试验方法	ISP方法
试品准备	清洗绝缘子，染污，干燥（温度t=20℃），冷却至覆冰温度（0℃以下）		
覆冰	喷水量：（60 ± 2）L/（h · m^3）；覆冰水电导率：100 μS/cm（20℃）；风速：10 km/s；控制温度产生过冷却水滴		
测量	覆冰绝缘子附近悬挂的两根圆柱管（直径25～30 mm，长度600 mm）上的覆冰厚度；施加电压；泄漏电流；绝缘子的表面覆冰状态；冰凌桥接状态		
	用2～3 min进行拍照及其他参数测量	使绝缘子表面的冰继续冷冻15 min；之后，温度以2～3℃/h的速度上升至0℃以上	施加电压，直至产生的泄漏电流与覆冰过程中产生的泄漏电流相等
电气性能评估	根据标准IEC507/IEEE Std 4，进行5次耐受试验得到最大耐受电压；或进行10次耐受试验，得到50%耐受电压		进行3次闪络试验，得到平均闪络电压

耐受、闪络试验目前均无标准，根据经验并参照IEC 507、IEEE Std 4推荐污秽绝缘子试验方法，目前采用以下几种方法[16,19,23,27]。

（1）最大耐受电压法U_2：它是绝缘子在给定覆冰状态下的最大耐受电压，即覆冰绝缘子在电压U_2下4次试验中耐受3次，在高于该电压5%的U_3下闪络2次，则U_2是最大耐受电压。其试验流程如表1.4所示。

（2）50%耐受电压法（恒压升降压法）：该试验也是在覆冰条件不变的情况下进行，共做10次有效试验，与前一次试验相比或是耐受或是闪络的第一次试验作为第一个“有效的”试验，只有这一次和随后的至少9次试验才算作有效的试验。设U_i为施加电压，n_i为U_i下的试验次数；N=10为有效试验总次数，则有

$$U_{50\%}=(1/N)\sum(n_iU_i) \tag{1.3}$$

表1.4　最大耐受电压法试验流程

耐受电压	第1次	第2次	第3次	第4次
U_1	闪络	闪络	—	—
U_2=0.95U_1	耐受	闪络	耐受	耐受
U_3=0.95U_2	耐受	耐受	耐受	—

（3）平均闪络电压法（均匀升压法）：它是在绝缘子覆冰期，施加电压直至闪络，关闭电源（只有在覆冰期，表面冰层没有融化的时候，可以进行反复试验，但不能用于融冰期试验），然后再次升压至闪络，如此若干次后，求取其平均闪络电压，于是有：

$$\bar{U}=(1/n)\sum(U_{\mathrm{f}1}+U_{\mathrm{f}2}+\cdots+U_{\mathrm{f}n}) \tag{1.4}$$

④“U”形曲线法：用于融冰期最低闪络电压的“U”形曲线法是由重庆大学提出的，是在绝缘子覆冰且环境温度升高条件下定时升压闪络一次，直至得到闪络电压与融冰时间或闪络次数的“U”形曲线（见图1.1）及其最低值为：

$$U_{\min\cdot\mathrm{f}}=\min(U_{\mathrm{f}1},U_{\mathrm{f}2},\cdots,U_{\mathrm{f}n}) \tag{1.5}$$

“U”形曲线法反映了融冰期闪络电压的变化规律。

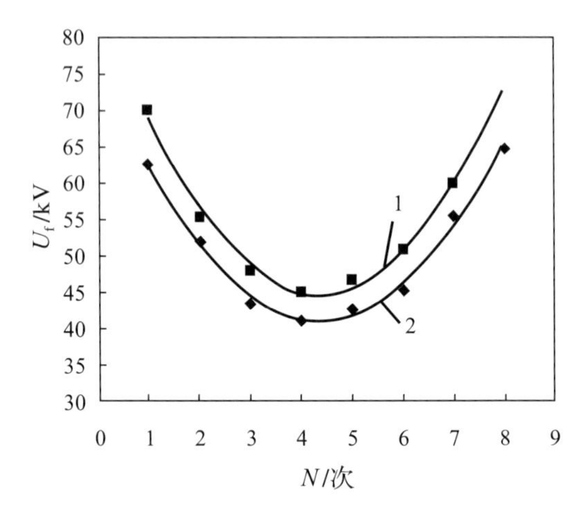

1．$ESDD$=0.01 mg/cm^2，$U_{min \cdot f}$=44.5 kV

2．$ESDD$=0.03 mg/cm^2，$U_{min \cdot f}$=40.6 kV

图1.1 闪络电压与次数的关系[23]

这几种加压方法中，耐压法试验中闪络次数较少，不易烧伤绝缘子，且能较好地模拟现场工作电压，试验结果具有可靠性，但周期长。平均闪络电压法最简单，需时最短，但一般试验次数不多，仅4～6次，容易产生试验偏差。“U”形曲线法是根据融冰期闪络规律用数学方法处理试验数据，结果较真实可靠地反映了融冰期闪络电压的变化，但该法只适用于融冰期的试验。且以前“U”形曲线法大多是在短串绝缘子上进行的，对于直流长串合成绝缘子上试验是否可靠还需进一步论证。平均闪络法和“U”曲线法都需要进行大量的闪络试验，前者每点大于4次，后者则大于5次。

第2章

试品及试验装置

2.1 试品

本节分别采用复合绝缘子、瓷绝缘子和玻璃绝缘子3种试品。

复合绝缘子包括3种不同结构复合绝缘子作为研究对象，分别为直流复合绝缘子为FXBW-±800/530短样（浅灰色、A型、“大-中-小”伞结构）、FXBW4-110/100（红褐色、B型、“大-小-小”伞结构）和FXBW-35/70（红褐色、C型、“大-小”伞结构）。复合绝缘子结构如图2.1所示，具体参数如表2.1所示。

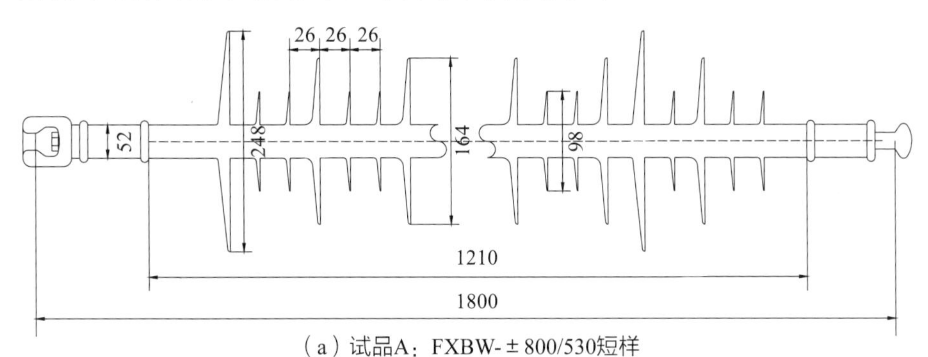

（a）试品A：FXBW-±800/530短样

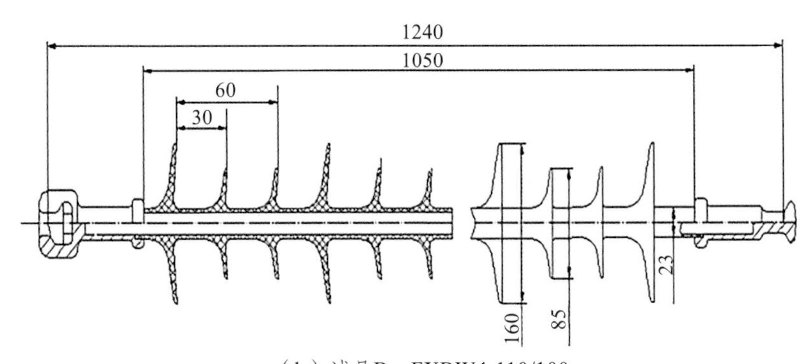

（b）试品B：FXBW4-110/100

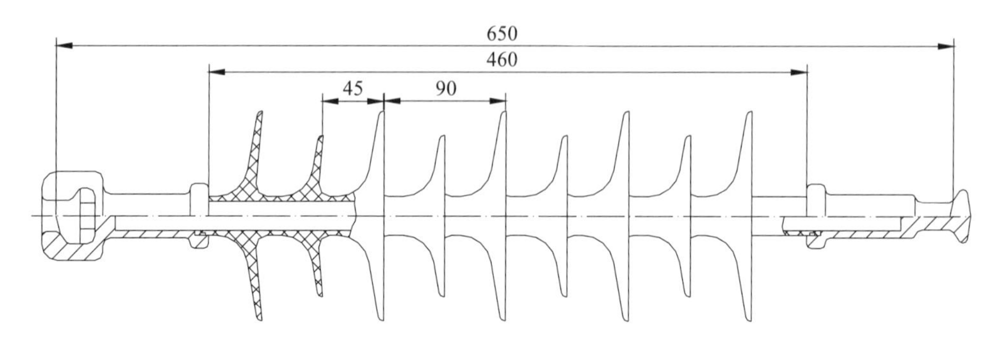

（C）试品C: FXBW-35/70

图2.1　复合绝缘子结构

表2.1　复合绝缘子试品参数

试品型号	*H*/mm	*h*/mm	*L*/mm	*D*/mm	*d*/mm
A型	1 800	1 210	4 260	248（D_1）/164（D_2）/98（D_3）	52
B型	1 240	1 050	3 350	160（D_1）/85（D_3）	23
C型	650	460	1 100	125（D_1）/95（D_3）	24

注：*H*为结构高度，*h*为电弧距离，*L*为爬电距离，D_1为大伞直径，D_2为中伞直径，D_3为小伞直径，*d*为杆径

瓷绝缘子包括XP-160、XZP-210两种型号。玻璃绝缘子包括LXZY-210一种型号，其结构和技术参数如图2.2和表2.2所示。

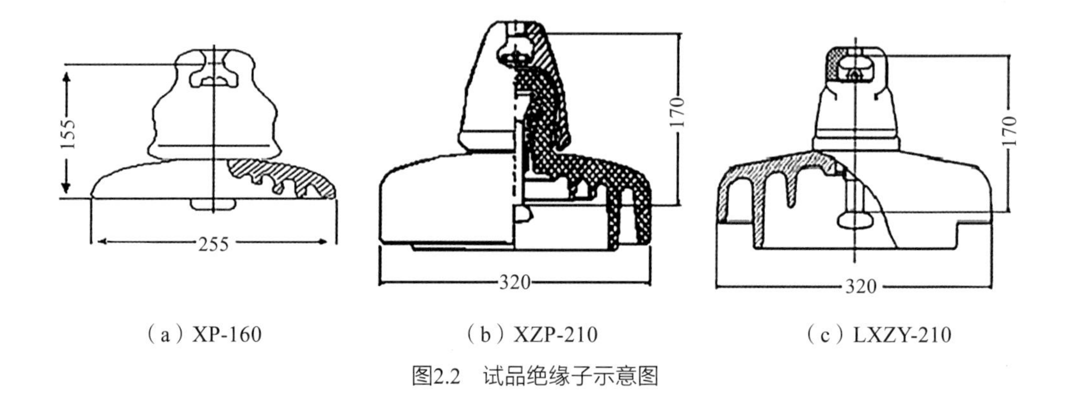

（a）XP-160　　（b）XZP-210　　（c）LXZY-210

图2.2　试品绝缘子示意图

表2.2　试品绝缘子参数

型号	结构高度H/mm	公称直径D/mm	爬电距离L/mm	表面积A/cm^2
XP-160	155	255	305	1 691
XZP-210	170	320	540	3 860
LXZY-210	170	320	545	3 671

2.2　试验装置及试验电源

2.2.1　试验装置

绝缘子覆冰试验是在重庆大学输配电装备及系统安全与新技术国家重点实验室的大型多功能人工气候室内进行的。人工气候室直径为ϕ7.8 m，高H为11.6 m，其外观如图2.3（a）所示。人工气候室主要由制冷系统、抽真空系统、喷雾系统以及风速调节系统组成。室内最低温度可达−45 ℃，能够满足对试验绝缘子进行覆冰的要求；室内最低气压为30 kPa，可以模拟海拔8 000 m及其以下地区的大气环境条件。室内安装了两排共14个按国际电工委员会（IEC）推荐制作的标准喷头，用来对人工气候室内绝缘子进行喷雾而形成绝缘子覆冰所需的环境条件；气候室内的吹风装置用来使室内温度和雾粒分布均匀，风速为1 ~ 12 m/s；试验电源从试验室的一侧通过330 kV高压套管引入。

带电覆冰试验在重庆大学输配电装备及系统安全国家重点实验室的小型人工气候室内[如图2.3（b）所示]进行，人工气候室直径2.0 m、长4.0 m，主要包括制冷系统、抽真空装置、喷淋系统以及风速调节系统4部分。室内的最低温度可达（−36 ± 1）℃，满足对绝缘子进行人工覆冰的要求。喷淋系统由2个IEC推荐的喷头组成，雾粒直径为10 ~ 120 μm，2个喷头竖直布置。上面的喷头距小型人工气候室顶21.6 mm，2个喷头之间距离为13.6 mm，喷头与试品之间水平距离为166.5 mm，喷头倾角30°；气候室内的吹风装置既可以模拟风速，又可以用来使室内温度及雾粒分布均匀，风速为1 ~ 3 m/s。试验电压由人工气候室后壁上装设的110 kV瓷穿墙套管引入。

（a）大型多功能人工气候室　　（b）小型人工气候室

图2.3　人工气候室

2.2.2　试验电源及测量装置

直流覆冰试验的电源目前尚无标准可循。大多数研究者认为，覆冰是一种特殊形式的污秽，因此，覆冰绝缘子直流试验电源满足污秽试验电源即可。110 kV复合绝缘子覆冰试验所用的直流电源由600 kV直流试验电源[见图2.4（a）]提供。600 kV直流试验电源为倍压直流电源，其额定电压为600 kV，在泄漏电流为0.5 A时，其动态压降小于3%，满足IEC标准对污秽试验电源的要求[38,39]。直流试验时的闪络电压采用分压比100 000∶1、精度为2%的直流电阻分压器测量[见图2.4（b）]。直流覆冰试验接线原理如图2.5所示。

带电覆冰时试验电源由工频380 V电源经TDJ-1000/100变压器和TYDGZ-100柱式调压器产生，变压器额定电压U_{II}=100 kV，额定容量S_{II}=100 kVA，阻抗压降U_{III}=13%；柱式调压器输入电压为380 V，负载电压为0～400 V，最大输入电流为263 A，最大负载电流为238 A，输出容量为100 kVA，满足复合绝缘子带电覆冰试验对电源容量的要求。由于覆冰绝缘子负极性直流闪络电压普遍小于正极性直流闪络电压，所以本书中均采用负极性电压进行试验。

（a）直流试验电源

（b）直流分压器

图2.4　600 kV/0.5 A直流试验电源及分压器

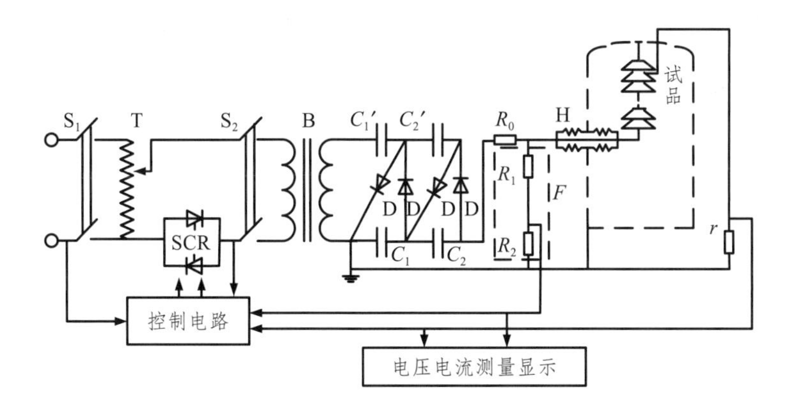

S_1—前级开关；S_2—后级开关；T—1 000 kVA调压器；B—900 kVA试验变压器；C_1、C_1'、C_2、C_2'—倍压电容；D—高压硅堆；SCR—可控硅元件；R_0—限流电阻；r—分流器电阻；H—穿墙套管；E—人工气候室；F—电阻分压器（R_1为电阻分压器高压臂电阻，R_2为电阻分压器低压臂电阻）。

图2.5　直流覆冰试验接线原理

2.2.3　其他测量仪器及方法

1. 气压、湿度、温度的测量

试验过程中采用芬兰Vaisala公司生产的PTU200温、湿度和气压综合数字式测量仪[如图2.6（a）所示]测试人工气候室的气压、湿度、温度。温度测量范围为-30～+60℃，20℃时温度探头精度为±0.2℃，温度变化误差为±0.2℃；相对湿度测量范围为0.8%～100%，20℃时湿度探头精度为±1%，温度变化误差为±0.5%/℃；

气压测量范围为50～1100 hPa，20℃时气压探头精度为±0.3 hPa，温度变化误差为±0.3 hPa/℃。

2. 风速的测量

风速对绝缘子覆冰有明显影响，覆冰过程中风速的测量采用MS6250型可持式数字风速仪[如图2.6（b）所示]，其量程为0.4～30.0 m/s，分辨率为0.1 m/s。

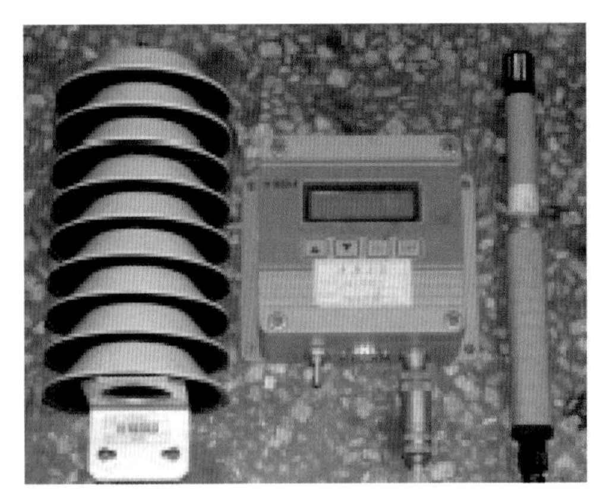

（a）PTU测试仪

（b）数字风速仪

图2.6　温、湿度和气压综合数字试测量仪与数字风速表

3. 放电过程的拍摄

放电过程的拍摄采用HG-100K超高速摄像机（见图2.7）。超高速摄像机最大分辨率为1 504×1 108，最高采样率为100 000 fps，机载内存为4 GB。在拍摄时采样率不能太高，因为辅助拍摄的强光源在加压时必须离绝缘子串一定距离，其照射到绝缘子串上光的强度一定时，采样率过高会导致拍摄的图片清晰度不够，所以试验时拍摄速度选500帧/s。

图2.7　HG-100K超高速摄像机

4. 电导率的测量

覆冰水电导率是影响覆冰绝缘子闪络电压的重要因素之一。覆冰水电导率由DDS-11A型电导率仪测量。每次覆冰水取样3次，分别测量其电导率，取其平均值，然后用下式和表2.3将测量值换算到20℃时的电导率值，即

$$\gamma_{20}=K_t\gamma_t \tag{2.1}$$

式中，γ_{20}为20℃时的液体水电导率，μS/cm；γ_t为t℃时的液体水电导率，μS/cm；K_t为换算系数，可由表2.3查得。

表2.3　换算系数K_t与温度t（℃）的关系

T/°C	0	1	2	3	4	5	6	7	8	9
K_t	1.735	1.682	1.631	1.581	1.533	1.487	1.422	1.400	1.359	1.319
T/°C	10	11	12	13	14	15	16	17	18	19
K_t	1.282	1.249	1.217	1.186	1.156	1.127	1.100	1.073	1.048	1.033
T/°C	20	21	22	23	24	25	26	27	28	29
K_t	1.000	0.978	0.956	0.935	0.915	0.895	0.877	0.859	0.842	0.825

5. 冰密度的测量

冰的密度采用“排液法”[7]，即当绝缘子覆冰试验结束以后，在容积为50 mL的量筒中加入一定体积的四氯化碳有机溶液（CCl_4）放置。在人工气候室内，冷冻1 min，使量筒中的四氯化碳有机溶液的温度和人工气候室内的温度基本相同，从待测绝缘子部位取冰并用天平测量其质量，然后置于盛有四氯化碳的量筒中，读出体积的变化，则可得到取样冰的密度为：

$$\sigma=\Delta m/\Delta V \tag{2.2}$$

6. 漏泄电流测量

本节采取直接串联无感电阻法，通过测量电阻两端的电压间接求取泄漏电流，试验中所用电阻采用无感绕法，其阻值为100 Ω（2个50 Ω的电阻串联），每个电

阻的功率均为100 W，最大可以承受2 A的漏泄电流。在测量泄漏电流时，信号线端接于电阻的两端，再将信号连接到测量漏泄电流的专用数据采集卡，再与计算机连接，其数据采集卡采集数据采样频率为5K。通过此回路测量漏泄电流的幅值及波形。为了减少试验时试验回路以及外界对试验数据产生的干扰，试验采用双屏蔽线作为传输信号线，且整个试验回路采用一点接地法。

第3章

覆冰绝缘子闪络电压的统计特性分析

3.1 复合绝缘子闪络电压的统计特性分析

3.1.1 复合绝缘子均匀升压法样本数的统计特性分析

1. 复合绝缘子样本数的统计学分析

覆冰绝缘子的闪络电压分布规律服从正态分布（见图3.1），即闪络电压$U_{\mathrm{f}} \sim N(\mu,\sigma^2)$，于是有：

$$\bar{U}_{\mathrm{f}} = \frac{1}{n}\sum_{i=1}^{n} U_{\mathrm{f1}} \tag{3.1}$$

$$S = \sqrt{\frac{1}{n-1}\sum_{i=1}^{n}(U_{\mathrm{fi}} - \bar{U}_{\mathrm{f}})^2} \approx \sigma \tag{3.2}$$

本节采用闪络电压的样本均值$\bar{U}$作为绝缘子的50%闪络电压$U'_{50\%}$的估计值，采用样本标准差S作为闪络电压的总体标准差σ的估计值，显然估计值会偏离真正的$U'_{50\%}$及σ，即会出现抽样误差e_s。试验次数n越多，样本均值$\bar{U}$接近$U'_{50\%}$或者S接近σ的可能性就越大，所得$U'_{50\%}$估计值的抽样误差就越小。但是，n值增加就会造成工作量相应增加，设备损耗严重，试验成本增加，并且由于时间比较长，试验条件可能会发生某些变化，影响试验准确度，因此，应该合理选取试验次数。对覆冰绝缘子试验方法的统计特性进行分析的目的是，根据试验得到覆冰闪络电压的样本均值和根据已知的样本标准偏差来推断均匀升压法需要的最小有效样本数，以确定最优化的试验流程。

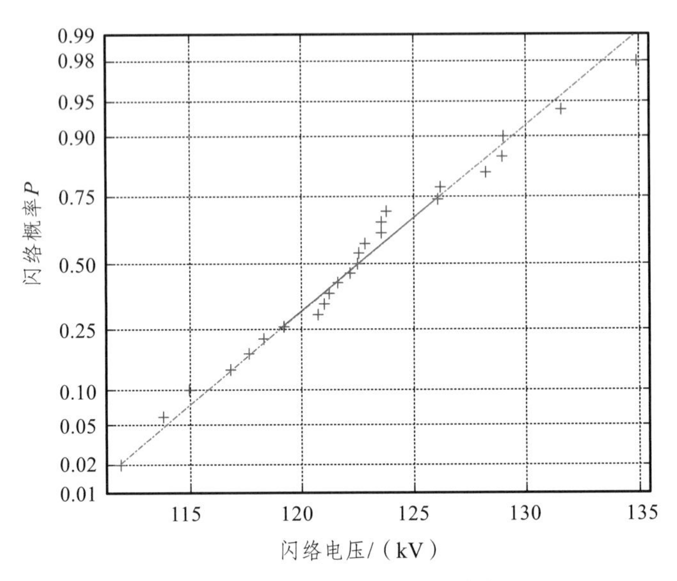

图3.1　绝缘子闪络概率的正态分布图

绝缘子的覆冰闪络电压服从正态分布（见图3-1），因此不管样本大小如何，其样本均值都遵从正态分布，$\bar{U}$围绕$U'_{50\%}$在波动[40,41]，用来作为$U'_{50\%}$的估计值时，还必须知道其抽样误差，为此需要分析$U'_{50\%}$的置信区间。$U'_{50\%}$的置信区间为$\left(\bar{U}-t_{1-\alpha/2}\dfrac{\sigma}{\sqrt{n}},\bar{U}+t_{1-\alpha/2}\dfrac{\sigma}{\sqrt{n}}\right)$，即当置信系数为$1-\alpha$时，$\bar{U}$与$U'_{50\%}$间的最大偏离为$t_{1-\alpha/2}\dfrac{\sigma}{\sqrt{n}}$。为使$U'_{50\%}$的估计值$\hat{U}'_{50\%}$偏离真正的$U'_{50\%}$的相对偏差，即抽样误差$e_s$不超过某一允许值$e$，则试验数据需满足下式：

$$e_s \approx t_{1-\alpha/2}\frac{s}{\sqrt{n}}\Big/\bar{U} \leqslant e \tag{3.3}$$

也可写成：

$$n \geqslant \left(\frac{t_{1-\alpha/2}s}{e\bar{U}}\right)^2 \tag{3.4}$$

式其中，$e_s=\varepsilon_s/U'_{50\%}=t_{1-\alpha/2}\dfrac{\sigma}{\sqrt{n}}\Big/U'_{50\%}$，$e_s$为样本均值$\bar{U}$与总体均值$U_{50\%}$间的绝对误差，于是有：

$$\varepsilon_s = \left|\overline{U} - U'_{50\%}\right| = \left|\overline{U} - \left(\overline{U} \pm t_{1-\alpha/2}\frac{\sigma}{\sqrt{n}}\right)\right| = t_{1-\alpha/2}\frac{\sigma}{\sqrt{n}} \tag{3.5}$$

试验后由样本算得S及$U_{50\%}$，看能否满足式（3.4），若不满足，则应增加试验次数。置信系数$1-\alpha$一般取0.95，$t_{1-\alpha/2}$的值可由分布表查得，e_s通常根据工程上的需要取1%～3%。

在对试验结果进行样本数分析前，需对所有试验数据进行正态检验。本节采用W正态检验法，该检验方法比较适用于小样本数的正态检验[42]。其检验顺序如下：

① 将样本值按次序从小到大排列为$u_1 < u_2 < \cdots < u_n$，并计算：

$$G^2 = \sum_{i=1}^{n}(u_i - \overline{u})^2 = \sum_{i=1}^{n}u_i^2 - \frac{U^2}{n} \tag{3.6}$$

式中，U为u_1，u_2，…，u_n之和；$\overline{u}$为u_1，u_2，…，u_n的平均值。

② 计算差：

$$\begin{cases} d_1 = u_n - u_1 \\ d_2 = u_{n-1} - u_2 \\ \cdots\cdots \\ d_i = u_{n-i+1} - u_i \end{cases} \tag{3.7}$$

当n为偶数时，有$K = \dfrac{n}{2}$个差；当n为奇数时，有$K = \dfrac{n-1}{2}$个差，中间的一个数不做计算。

按附表C得对应n的系数a_i，则有$b = \sum\limits_{i-1}^{K} a_i d_i$。

③ 取统计量：

$$W = \frac{b^2}{G^2} \tag{3.8}$$

在附表C中，在显著性水平α=5%和α=1%时，根据不同的n值给出了临界值$W_{5\%}$和$W_{1\%}$。如果W值大于5%的临界值$W_{5\%}$，则接受样本的正态分布假设；如果W值小于1%的临界值$W_{1\%}$，则否定正态性假设。

W正态检验法可避免分组，故无分组误差。如果W检验中，W计算值很接近临界值，此时若对总体是否服从正态分布尚存怀疑，可扩大样本容量，做进一步检验。

在高压试验中，有时由于某些偶然原因，而使得某一观测值与其他观测值相差很远，即出现了个别特大值和特小值。如果将这些数值和所有数据进行一起统计，势必会影响试验结果的可信程度，因此有必要将这些特大或特小值剔除。

可以采取下面的方法剔除这些可疑数值：设得到某一正态分布的总体容量为n的样本，样本值从小到大进行排列，u_n是最大（或最小值），$\overline{u}$和S分别为样本均值和标准偏差，作统计量：

$$T_n = \left| \frac{u_n - \overline{u}}{S} \right| \tag{3.9}$$

如果T_n超过了理论上的临界值，就剔除特异值u_n，特大或特小值剔除的临界值见附表C。

2. 均匀升压法加压次数的最小样本数分析

采用均匀升压法得到试品B在不同覆冰水电导率下的覆冰闪络电压如表3.1所示，试验时每串绝缘子覆冰质量约为2.5 kg。

根据以上理论分析，按照式（3.4）可计算表3.1中试品B在均匀升压法下的最小样本数n如表3.2所示。由表3.2可知，当抽样误差=2%时，对于FXBW-110/100绝缘子，采用均匀升压法时求平均闪络电压时，最小样本数n=23次左右，n值的大小有一定的偏差，这主要是试验误差造成的。而当抽样误差e_s=3%时，最小样本数n=10时就可以得到比较满意的试验结果。因此，在进行复合绝缘子人工覆冰试验时要选择合理的加压次数。

表3.1　试品B均匀升压法试验结果

γ_{20}/（μS/cm）	80	200	360	630	1 000
U_f/kV	168.6	145.3	119.2	98.8	84.4
	157.9	145.7	111.8	99.6	88.4
	173.4	149.7	122.6	102.8	87.4
	174.8	141.8	123.5	105.8	83.4
	162.4	145.1	114.9	104.3	92.5

续 表

γ_{20}/（μS/cm）	80	200	360	630	1 000
U_f/kV	182.6	143.0	128.9	110.4	87.8
	182.6	145.6	128.9	103.6	90.0
	172.0	157.4	121.6	97.0	85.1
	175.1	141.8	123.8	105.0	85.3
	173.8	136.4	122.8	105.3	89.1
	170.7	149.6	120.7	106.5	88.3
	178.6	139.6	126.2	107.5	95.1
	167.2	146.5	118.3	111.5	86.8
	191.1	141.6	134.9	102.1	96.5
	171.1	150.1	121.0	106.3	93.8
	173.3	150.2	122.5	104.8	80.3
	181.5	144.7	128.2	101.9	81.3
	172.8	131.2	122.2	116.0	85.7
	171.5	147.2	121.2	103.6	87.2
	165.1	157.8	116.8	97.6	87.9
	174.8	153.6	123.6	114.1	91.2
	160.8	134.6	113.8	106.6	85.1
	178.5	145.6	126.1	99.1	85.1
	186.3	141.2	131.5	108.1	87.1
	166.3	138.7	117.6	111.5	/

表3.2　均匀升压法的最小样本数

试品	γ_{20}/（μS/cm）	$\overline{U}$	s	$n=\left(\frac{t_{1-\alpha/2}s}{\overline{U}e}\right)^2$	n（e_s=2%）	n'（e_s=3%）
B型	80	172.3	7.88	22.2	23	10
	200	146.2	6.42	20.5	21	10
	360	121.8	5.48	21.5	22	10
	630	104.9	4.96	23.7	24	11
	1000	87.9	4.00	22.1	23	10

3.1.2　50%耐受电压法统计特性分析

50%耐受电压法（恒压升降法）适用于试验测定给定污秽程度和覆冰程度下的绝缘子的闪络特性。参照IEC 507和DL/T 859—2004相关标准，采用恒压升降法进行试验，即前一次没有通过耐受，则降低的10%电压再做耐受试验。若通过耐受，则升高约10%电压再做耐受试验，反复试验直到有效试验次数在10次以上，共进行至少10次有效试验，50%耐受电压及其标准偏差由下式求出：

$$U_{50\%}=\frac{\sum(n_iU_i)}{N} \tag{3.10}$$

$$\sigma=\sqrt{\frac{\sum_{i=1}^{N}(U_i-U_{50\%})^2}{N-1}} \tag{3.11}$$

式中，U_i为施加电压水平，kV；n_i为在U_i电压下试验的次数，次；N为总的有效试验次数，次。

在恒压升降法中，当施加预期电压时，试品只有闪络和耐受两种情况，其概率服从二项分布。在n次独立重复试验中，事件出现k次的概率是n、k及未知的“一次试验中该事件出现的概率p”的函数，即

$$P(i=k\mid n,p)=\binom{n}{k}p^k(1-p)^{n-k} \tag{3.12}$$

但每次试验中，事件出现的概率p是未知的，省略式（3.12）中已知的系数$\binom{n}{k}$，并取对数，由最大似然法有：

$$[k\ln p+(n-k)\ln(1-p)]_{p=\hat{p}}=\max \tag{3.13}$$

故

$$\hat{p}=f=\frac{k}{n} \tag{3.14}$$

$f=\frac{k}{n}$为n次试验中事件出现的频率，它与事件出现次数k同为随机变量，于是有：

$$E(f)=p, D(f)=\frac{p(1-p)}{n} \tag{3.15}$$

即事件出现的概率p的估计值$\hat{p}$收敛于其数学期望，但这要当样本容量n较大时才能实现。

在实际试验时，研究者总希望求得的50%耐受电压越接近闪络概率为p=0.5时越好。为了分析有效试验次数对$U_{50\%}$大小的影响，可以对两组数据事件出现概率的差异显著性进行检验。

设在第一组n_1次试验中闪络出现X_1次，出现频率为$f_1=\frac{X_1}{n_1}$；在第二组n_2次试验中闪络出现X_2次，其出现频率为$f_2=\frac{X_2}{n_2}$。f_1、f_2可能是不等的，但未必表明两组试验中闪络出现的概率$p_1\neq p_2$。对$H_0: p_1=p_2=p$进行假设检验，当无法接受H_0时，则事件出现概率p的估计值$\hat{p}$可改为：$\frac{X_1+X_2}{n_1+n_2}$，可以证明：

$$\begin{aligned}\chi^2&=\frac{(X_1-n_1\hat{p})^2}{n_1\hat{p}}+\frac{(X_1-n_1\hat{p})^2}{n_1(1-\hat{p})}+\frac{(X_2-n_2\hat{p})^2}{n_2\hat{p}}+\frac{(X_2-n_2\hat{p})^2}{n_2(1-\hat{p})}\\&=\frac{(X_1-n_1\hat{p})^2(n_1+n_2)}{n_1n_2\hat{p}(1-\hat{p})}\sim\chi^2_{(1)}\end{aligned} \tag{3.16}$$

式中，$\hat{p}=\frac{X_1+X_2}{n_1+n_2}$，当$n_1$、$n_2$较小时，即

$$\chi^2=\frac{(X_1n_2-X_2n_1)(n_1+n_2-1)}{n_1n_2(X_1+X_2)(n_1+n_2-X_1-X_2)}\sim\chi^2_{(1)} \tag{3.17}$$

表3.3为覆冰水电导率γ_{20}=360 μS/cm时，采用升降法求试品B的50%耐受电压的试验结果，有效电压值从第二个试验电压开始算起，其试验值与试验次数的关系如图3.2所示。

表3.3　试品B的升降法试验结果

试验次数	闪络	耐受	试验次数	闪络	耐受
1	—	110	10	118.3	—
2	121.4	—	11	—	107.5
3	—	110.7	12	117.1	—
4	119.8	—	13	—	106.9
5	—	108.6	14	—	118.3
6	—	119.7	15	125.9	—
7	127.8	—	16	—	114.5
8	116.9	—	17	121.8	—
9	—	105.7	—	—	—

根据IEC 507和DL/T 859—2004标准，50%耐受电压$U_{50\%}$的计算值选取的有效试验值为10次以上。这里取n_2=10，n_1分别取7、9、11、13、15时，由式（3.17）和表3.3算得的χ^2值分别为0.016、0.011、0.008、–0.006、–0.006。当显著性水平$\alpha=0.05$、0.25时，$\chi^2_{(1,0.05)}=3.84$，$\chi^2_{(1,0.25)}=1.32$，可见，即使取显著性水平$\alpha=0.25$，仍可以接受H_0:P_1=P_2，即认为两组数据的概率水平无显著差异。

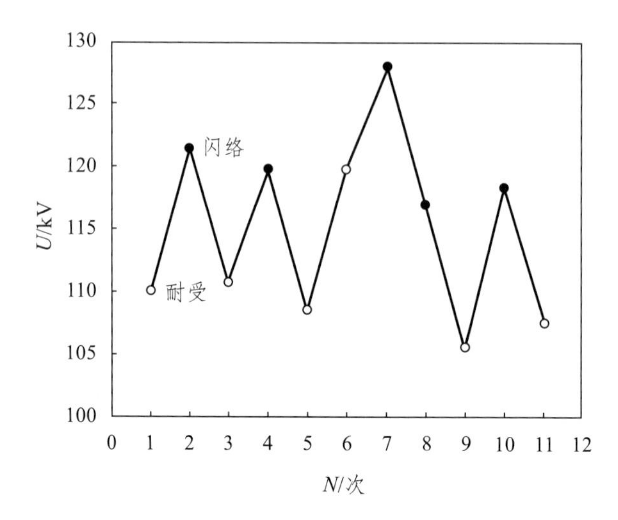

图3.2　升降法求50%耐受电压示意图

表3.3中，有效试验次数对所求得的50%耐受电压的影响如表3.4所示。从表3.4可以看出，参照IEC 507标准，当有效试验次数为10次时，计算得到的$U_{50\%}$=115.7 kV；当有效试验次数达8次以上时，有效试验次数对50%耐受电压的计算值影响不大。

表3.4　50%耐受电压与有效试验次数关系

有效试验次数N	6	8	10	12	14	16
50%耐受电压/kV	118	116.4	115.7	115.1	116.1	116.3

3.2　盘形悬式绝缘子闪络电压的统计特性分析

3.2.1　盘形悬式绝缘子试验数据的正态分布检验

为了便于分析覆冰直流闪络试验的统计特性，本试验采用均匀升压法对7片串XZP-210、LXZY-210两种绝缘子的直流冰闪电压进行统计特性分析。试验覆冰状态为雨凇，绝缘子上表面覆冰厚度为5 ~ 7 mm，冰的密度为0.84 ~ 0.89 g/cm^3，覆冰量为3.9 ~ 4.5 kg/串，绝缘子之间均被冰凌桥接，即绝缘子属于较严重覆冰状态。试验数据如表3.5所示。

表3.5　覆冰绝缘子串直流闪络电压U_f

第①组 绝缘子型式 XZP-210 覆冰水电导率 630 μS/cm	N	1	2	3	4	5	6	7	$\overline{U}_f$=102.9 σ%=7.2%
	U_f/kV	102.9	100	113	85.5	106.9	111.2	109.7	
	N	8	9	10	11	12	13	14	
	U_f/kV	108.3	103.3	109.2	108.2	100.5	99.4	100.2	
	N	15	16	17	18	19	20	—	
	U_f/kV	89.2	100.7	104	105.9	116.3	99.7	—	
第②组 绝缘子型式 LXZY-210 覆冰水电导率 630 μS/cm	N	1	2	3	4	5	6	7	$\overline{U}_f$=109.3 σ%=6.5%

续 表

第②组 绝缘子型式 LXZY-210 覆冰水电导率 630 μS/cm	U_f/kV	110.3	114.3	100.4	105.8	107.3	100	99.2	$\overline{U}_f$=109.3 σ%=6.5%
	N	8	9	10	11	12	13	14	
	U_f/kV	116.4	109.4	104.4	115.5	111.1	101.7	119.5	
	N	15	16	17	18	19	20	—	
	U_f/kV	111.5	120.6	118	104	99.4	108.7	—	
第③组 绝缘子型式 XZP-210 盐密 0.05 mg/cm^2	N	1	2	3	4	5	6	7	$\overline{U}_f$=107.3 σ%=7.7%
	U_f/kV	114	115.9	117.4	96.6	109.6	109.9	96.5	
	N	8	9	10	11	12	13	14	
	U_f/kV	99.3	118.9	105.9	111.5	108.2	100.5	101.3	
	N	15	16	17	18	19	20	—	
	U_f/kV	112.1	97.1	115.7	113.4	98.5	104.5	—	
第④组 绝缘子型式 LXZY-210 盐密 0.05 mg/cm^2	N	1	2	3	4	5	6	7	$\overline{U}_f$=118.2 σ%=8%
	U_f/kV	123.2	108.6	118.6	111.5	123.9	124.1	116	
	N	8	9	10	11	12	13	14	
	U_f/kV	96.3	119.6	135.1	129	101.4	117.4	110.1	
	N	15	16	17	18	19	20	—	
	U_f/kV	107.3	105.1	121.3	113.6	118.8	114.3	—	

将试验所得的数据运用MATLAB绘制出正态概率分布图，如图3.3所示。

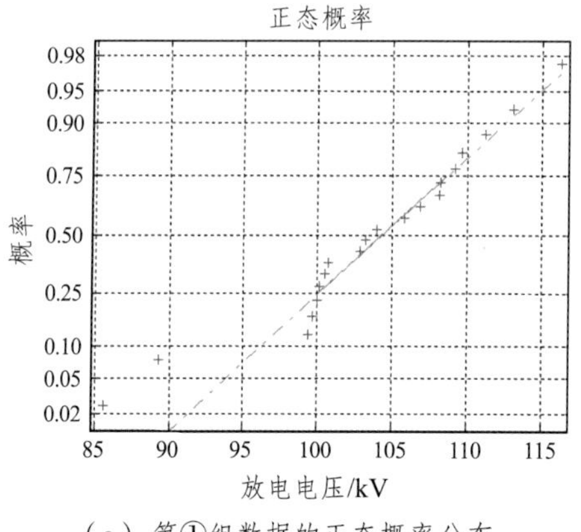

（a）第①组数据的正态概率分布

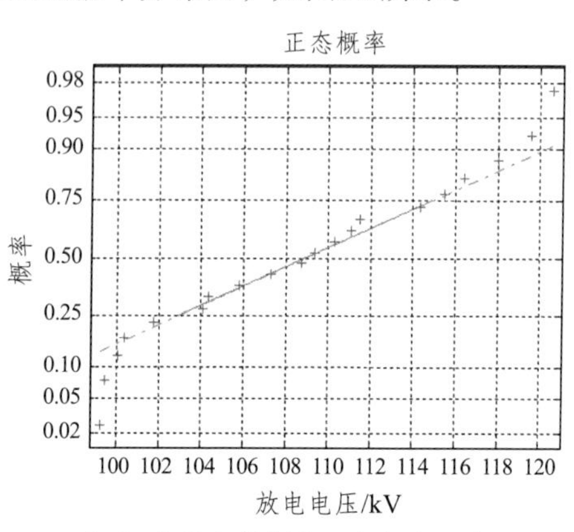

（b）第②组数据的正态概率分布

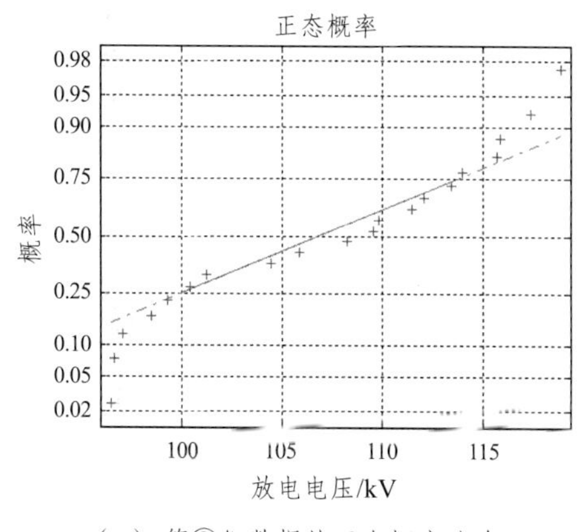

（c）第③组数据的正态概率分布

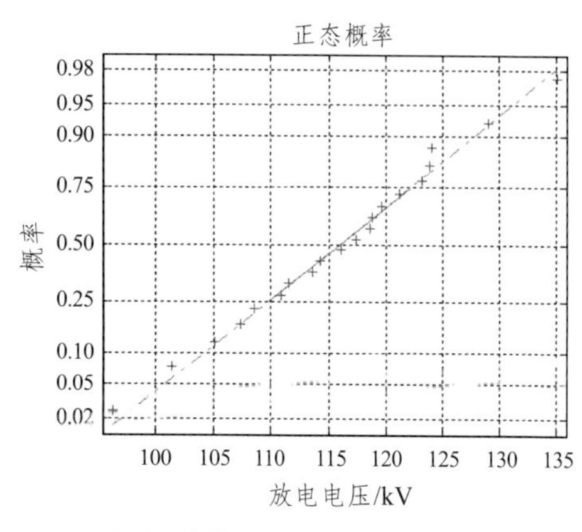

（d）第④组数据的正态概率分布

图3.3　MATLAB绘制的正态概率分布

由图3.1可以看出：在正态概率纸上的数据点基本在一条直线上，没有明显扭折的趋势。为了进一步检验采用均匀升压法时绝缘子覆冰直流闪络电压的概率分布规律，用W检验法对表3.1的试验结果进行检验。根据表3.1所列数据，每组数据的样本容量$n \leqslant 50$，对H_0：$X \sim N(\mu_X, \sigma_X)$进行检验。检验过程如下：

（1）将全部n个样本按数值大小顺序排列，并计算其平均值和均方值，即

$$\begin{cases} \bar{x} = \dfrac{1}{n}\sum\limits_{i=1}^{n} x_i \\ G^2 = \sum\limits_{i=1}^{n}\left(x_i - \bar{x}\right)^2 \end{cases} \tag{3.18}$$

再按下式计算差值d_j：

$$d_j = x_{n+1-j} - x_j \begin{cases} n\text{为偶数，} j = 1 \sim \dfrac{n}{2} \\ n\text{为奇数，} j = 1 \sim \dfrac{n-1}{2} \end{cases} \tag{3.19}$$

通过查W检验表[4]得到相应的α_{jn}，计算b^2：

$$b^2 = \left[\sum_j a_{jn} d_j\right]^2 \tag{3.20}$$

（2）令$W=b^2/G^2$，$G^2=\sum_{i=1}^{n}(x_i-\bar{x})^2$，与$W$检验表中的$W$（$n$，$\alpha$）对比，例如当取$\alpha$=0.05，如$W>W_{0.05}$可接受$H_0$。根据上述方法可知，对①～④组数据进行$W$检验，计算过程如下：

先对表3.5中的4组数据按从小到大的顺序进行排列，然后计算b值，如表3.6所示。

表3.6　b值计算表

序号	α_{jn}	第①组		第②组		第③组		第④组	
		d_j	$\alpha_{jn}d_j$	d_j	$\alpha_{jn}d_j$	d_j	$\alpha_{jn}d_j$	d_j	$\alpha_{jn}d_j$
1	0.473 4	30.72	14.54	21.41	10.13	22.43	10.62	38.80	18.37
2	0.321 1	23.80	7.64	20.13	6.46	20.74	6.66	27.65	8.88
3	0.256 5	11.79	3.02	17.99	4.61	18.77	4.81	19.01	4.88
4	0.208 5	10.02	2.09	16.06	3.35	17.20	3.59	16.59	3.46
5	0.168 6	9.21	1.55	13.74	2.32	14.65	2.47	14.61	2.46
6	0.133 4	8.09	1.08	10.26	1.37	12.93	1.72	10.32	1.38
7	0.104 3	7.64	0.80	7.15	0.75	10.77	1.12	8.09	0.84
8	0.071 1	6.13	0.44	5.30	0.38	7.03	0.50	5.16	0.37
9	0.042 2	2.91	0.12	2.99	0.13	3.96	0.17	4.30	0.18
10	0.014 0	0.72	0.01	0.64	0.01	1.33	0.02	1.33	0.02
$b=\alpha_{jn}d_j$			31.30	—	29.50	—	31.68	—	40.83

若显著性水平α取为0.05，由W检验表可以查得W（20，0.05）=0.905，$W=b^2/G^2$，计算得到W值，如表3.7所示。

表3.7　W值计算表

组数	G^2	b^2	W
第①组	1 041.78	979.42	0.940
第②组	919.62	870.33	0.946
第③组	1 083.19	1 003.54	0.926
第④组	1 676.22	1 667.21	0.995

由计算可见：4组数据在显著性水平α取为0.05时，均有$W>W_{0.05}$，因此直流覆冰闪络试验所得的冰闪电压值是符合正态概率分布的。

3.2.2　对奇异数据的处理和分析

在试验过程中，难免会因工作疏忽或测量条件意外改变而引入粗大误差，从而会明显地歪曲测量结果，出现过小或过大的数据，即奇异数据。对数据进行初步处理后怀疑为奇异的数据，最好能分析出明确的物理或工程技术方面的原因，而后决定取舍。但有时无法做这种分析，就需用统计方法来确定取舍。

本节采用了狄克逊（Dixon）准则对试验结果中的奇异数据进行取舍，方法如下：

将试验结果x_i按数值大小排列，如果x_i遵从正态分布，以极差比r_{ij}作为统计量，当对最大值x_n进行判断时，设

$$r_{10}=\frac{x_n-x_{n-1}}{x_n-x_1},\quad r_{11}=\frac{x_n-x_{n-1}}{x_n-x_2} \tag{3.21}$$

$$r_{21}=\frac{x_n-x_{n-2}}{x_n-x_2},\quad r_{22}=\frac{x_n-x_{n-2}}{x_n-x_3} \tag{3.22}$$

当对最小值x_1进行判断时，设

$$r'_{10}=\frac{x_2-x_1}{x_n-x_1},\quad r'_{11}=\frac{x_2-x_1}{x_{n-1}-x_1} \tag{3.23}$$

$$r'_{21}=\frac{x_3-x_1}{x_{n-1}-x_1},\quad r'_{22}=\frac{x_3-x_1}{x_{n-2}-x_1} \tag{3.24}$$

上述公式中极差比r_{ij}的临界值为$f(n,\alpha)$，当$r_{ij}>f(n,\alpha)$，则应剔除x_i或x_n，

r_{ij}由式（3.6）~（3.7）或式（3.8）~（3.9）确定，狄克逊认为$n \leqslant 7$，使用r_{10}效果较好；对$8 \leqslant n \leqslant 10$用$r_{11}$；$11 \leqslant n \leqslant 13$用$r_{21}$；$n \geqslant 14$用$r_{22}$效果较好。

先对表3.5中的第①组数据进行检验，将数据按从小到大的顺序进行排列，如表3.8所示。

表3.8　第①组数据升序排列

85.5	89.2	99.4	99.7	100	100.2
100.5	100.7	102.9	103.3	104	105.9
106.9	108.2	108.3	109.2	109.7	111.2
113	116.3	—	—	—	—

（1）先判断x_{20}，由式（3.22），$r_{22}=\dfrac{x_{20}-x_{18}}{x_{20}-x_3}=\dfrac{116.3-111.2}{116.3-99.4}$=0.302，取$\alpha=0.05$，查狄克逊准则$f(n,\ \alpha)$数值表得$f(20{,}0.05)=0.450>r_{22}$，则$r_{20}$不含粗大误差。

再判断x_1，由式（3.24），$r_{22}'=\dfrac{x_3-x_1}{x_{18}-x_1}=\dfrac{99.4-85.5}{111.2-85.5}$=0.541，取$\alpha=0.05$，查狄克逊准则$f(n,\ \alpha)$数值表得$f(20{,}0.05)=0.450<r_{22}'$，则含有粗大误差，应予剔除。

（2）对剩余的19个数据再重复上述步骤，n=19，判断x_{19}，则$r_{22}=\dfrac{x_{19}-x_{17}}{x_{19}-x_3}=\dfrac{116.3-111.2}{116.3-99.7}$=0.307，取$\alpha=0.05$，查狄克逊准则$f(n,\ \alpha)$数值表得$f(19{,}0.05)=0.462>r_{22}$，则$x_{19}$不含粗大误差。

再判断x_1，由式（3.24），$r_{22}'=\dfrac{x_3-x_1}{x_{17}-x_1}=\dfrac{99.7-89.2}{111.2-89.2}$=0.477，取$\alpha=0.05$，查狄克逊准则$f(n,\ \alpha)$数值表得$f(19{,}0.05)=0.462<r_{22}'$，则$x_1$含有粗大误差，应予剔除。

（3）对剩余的18个数据再重复上述步骤，n=18，判断，则$r_{22}=\dfrac{x_{18}-x_{16}}{x_{18}-x_3}=\dfrac{116.3-111.2}{116.3-100}=0.313$，取$\alpha=0.05$，查狄克逊准则$f(n,\ \alpha)$数值表得$f(18,\ 0.05)=0.475>r_{22}$，则不含粗大误差。

再判断x_1，由式（3.24），$r_{22}'=\dfrac{x_3-x_1}{x_{16}-x_1}=\dfrac{100-99.4}{111.2-99.4}$=0.051，取$\alpha=0.05$，查狄克逊

逊准则$f(n, \alpha)$数值表得$f(18, 0.05)=0.475>r'_{22}$，则不含粗大误差，则检验完毕。

经过上述三轮判断，得出x_1=85.5，x_2=89.2为含有粗大误差的数据，应予删除。

再按上述程序对第②组、第③组和第④组试验数据进行检验，均未含有粗大误差。由以上检验可见，在显著性水平$\alpha=0.05$的条件下，第①组数据中出现了2个奇异数值，但在前一节用W检验法检验其分布特性时，已判断该组数据是符合正态概率分布的，且由表3.3可见，在用W检验法检验分布特性时，第③组数据所得的W值小于第①组数据所得的W值，表明含有粗大误差的第①组数据比不含粗大误差的第③组数据更显著地服从正态概率分布。由此说明：对绝缘子进行覆冰直流闪络试验时，试验产生的粗大误差不影响试验数据的正态概率分布特性。

3.2.3　试验最小样本数的确定

高压试验是大量重复的试验，花费人力很大。因此，从实际情况出发，用比较科学的方法来规定每次试验的合理次数，就成为高压试验中的一个具有实际意义的问题。在直流覆冰试验中，采用均匀升压法进行覆冰闪络试验时，需要大量的样本，为此，本节讨论了运用数理统计方法来得到均匀升压法下的最小样本数。

研究表明：绝缘子的覆冰闪络电压服从正态分布，$\overline{U}$围绕$U_{50\%}$在波动，用$\overline{U}$来作为估计值时，需要分析$U_{50\%}$的置信区间。根据数理统计理论，在标准偏差σ已知的情况下，$U_{50\%}$的置信区间为$\left(\overline{U}-\mu_{1-\alpha/2}\dfrac{\sigma}{\sqrt{n}},\overline{U}+\mu_{1-\alpha/2}\dfrac{\sigma}{\sqrt{n}}\right)$，即当置信度为1-$\alpha$时，$\overline{U}$与$U_{50\%}$间的最大偏离为$\mu_{1-\alpha/2}\dfrac{\sigma}{\sqrt{n}}$。

定义ε为样本均值$\overline{U}$与总体均值$U_{50\%}$间的绝对误差，即

$$\varepsilon=\left|\overline{U}-U_{50\%}\right|=\left|\overline{U}-\left(\overline{U}\pm\mu_{1-\alpha/2}\frac{\sigma}{\sqrt{n}}\right)\right|=\mu_{1-\alpha/2}\frac{\sigma}{\sqrt{n}} \tag{3.25}$$

定义e_s为直流冰闪电压的统计误差，该统计误差为ε和总体均值$U_{50\%}$的比值，即

$$e_s=\varepsilon/U_{50\%} \tag{3.26}$$

于是得到

$$e_s=\varepsilon/U_{50\%}=\mu_{1-\alpha/2}\frac{\sigma}{\sqrt{n}}\bigg/U_{50\%} \tag{3.27}$$

由于分析均匀升压法的最小样本数n的方法是以部分推断全体，在已有的试验数据基础上进行分析，用样本标准差s代替总体标准差σ，用样本均值$\overline{U}$代替总体均值$U_{50\%}$，对试验次数做出合理估计。

即有

$$e_s \approx \mu_{1-\frac{\alpha}{2}} \frac{s}{\sqrt{n}} \Big/ \overline{U} \leqslant e \tag{3.28}$$

$$n \geqslant \left(\frac{\mu_{1-\frac{\alpha}{2}} s}{\overline{U} e} \right)^2 \tag{3.29}$$

故而最小样本数为

$$n = \left(\frac{\mu_{1-\frac{\alpha}{2}} s}{\overline{U} e} \right)^2 \tag{3.30}$$

其中

$$\begin{cases} \overline{U} = \dfrac{1}{n} \sum_{i=1}^{n} U_i \\ s = \sqrt{\dfrac{\left[\sum_{i=1}^{n} (U_i - \overline{U}) \right]^2}{n-1}} \end{cases} \tag{3.31}$$

当α=0.05时，$\mu_{1-\alpha/2}=1.96$；通常根据工程上的需要取1%～3%。本节取e为3%，计算均匀升压法所需的最小样本数如表3.9所示。

表3.9　均匀升压法所需试验最小样本数

组数	第①组	第②组	第③组	第④组
n（次数）	22	18	25	27
注：n为均匀升压法最小样本数				

由表3.9可知，e为3%时，4组数据采用均匀升压法试验时所需的最小样本数为

18，考虑到3.2.3节所述当样本数不小于20时，试验产生的粗大误差不影响覆冰直流闪络电压的正态概率分布特性，故本节建议采用均匀升压法进行覆冰闪络试验时，所需的最小样本数为20。

3.3　本章小结

本章基于数理统计基础，对覆冰绝缘子闪络电压的统计特性进行了分析，并得出以下结论：

1. 复合绝缘子

（1）通过均匀升压法求取覆冰绝缘子平均闪络电压时，当抽样误差e_s=2%时，最小样本数n=23左右；而当抽样误差e_s=3%时，最小样本数n=10。

（2）通过升降法求取50%耐受电压中，当有效试验次数达到8次以上时，可认为有效试验次数对$U_{50\%}$影响很小。

（3）升降法试验中，在耐受一电压值U_0通过后的下一次试验时可能尚未将电压值升高到U_0+d就已经发生闪络，记此次闪络电压值为U_1，本节认为，则下一次预期耐受值应为U_1-d，而不是为IEC 507和DL/T 859—2004污秽绝缘子试验标准中规定的U_0。

2. 盘形悬式绝缘子

（1）通过均匀升压法求取覆冰绝缘子平均闪络电压时，当抽样误差e_s=2%时，最小样本数n=23左右；而当抽样误差e_s=3%时，最小样本数n=10。

（2）通过升降法求取50%耐受电压中，当有效试验次数达到8次以上时，可认为有效试验次数对$U_{50\%}$影响很小。

（3）升降法试验中，在耐受一电压值U_0通过后的下一次试验时可能尚未将电压值升高到U_0+d就已经发生闪络，记此次闪络电压值为U_1，本节认为，则下一次预期耐受值应为U_1-d，而不是为IEC 507和DL/T 859—2004污秽绝缘子试验标准中规定的U_0。

第4章 预染污方法及其对覆冰绝缘子电气特性的影响

4.1 复合绝缘子预染污方法及其对覆冰绝缘子电气特性的影响

绝缘子覆冰是一种特殊的污秽形式，这不仅因为冰闪是由冰中含有污秽等导电杂质造成的，而且从污秽绝缘子和覆冰绝缘子的耐受电压和闪络机理也发现其相似性[7,19,43]。污秽绝缘子和覆冰绝缘子的耐受电压除了数值上有差异外，其随等值覆盐密度的变化趋势是基本一致的。

干燥的绝缘子以及被雨水淋湿的清洁绝缘子仍具有很高的泄漏电阻[7,44]。然而，在严重覆冰情况下，绝缘子串的各个伞裙被冰凌桥接，这使泄漏距离缩短为近似等于串长，几乎减少了一半。当覆冰融化时，冰柱表面形成连续水膜，由于冰水具有较大的电导率，特别是在受到污染时其电导率更大，因此，覆冰绝缘子的绝缘电阻极大地降低。

本节中采用固体涂层法（定量涂刷法）和覆冰水电导率法两种方式模拟绝缘子表面污秽。固体涂层法主要模拟覆冰前污秽的沉积，而覆冰水电导率法主要模拟覆冰过程中的染污。不同的染污主要影响污秽的分布情况，进而影响覆冰绝缘子的闪络路径。覆冰绝缘子闪络路径只有两种情况[7,45,46]：一种是沿着冰层的内表面，即与绝缘子接触的表面；另一种是沿着冰层的外表面，使冰层逐渐融化，闪络路径仍是只有这两种情况。由于冰闪路径始终是在这种覆冰水电导率下进行，冰层的厚度不会明显影响闪络过程。采用固体涂层法染污时，污秽在冰层中分布不均匀，靠近绝缘子表面的冰层中污秽子的冰层污秽浓度大，而覆冰外表面虽然由于“晶析现象”，其污秽的浓度要增大，但与冰层的内表面相比仍要小得多。因而，绝缘子闪络时其电弧常为冰层内表面电弧。而覆冰水电导率法模拟染污时污秽在冰层中的分布比较均匀，所以电弧发展常沿着冰层的外表面发展。

4.1.1 复合绝缘子预染污方法

覆冰绝缘子表面污秽水平可以用盐密（*SDD*）或覆冰水电导率（γ_{20}）来表示，分别采用固体涂层法和覆冰水电导率法来模拟绝缘子表面污秽程度，复合绝缘子预染污程序如下：

1. 试品预处理

试验前用磷酸三钠或酒精仔细清洗绝缘子，即使新绝缘子也要清洗，去除污物和油脂后用自来水冲洗，阴干待用。

2. 固体涂层法染污

采用固体涂层法染污前，用干燥棉团在复合绝缘子表面均匀涂敷一层干燥硅藻土，再用洗耳球吹掉表面多余硅藻土，使绝缘子表面附着一层很薄的亲水性物质，暂时破坏表面的憎水性，使其憎水性处于HC4 ~ HC5级（因硅藻土极薄，可忽略对灰密的影响）。根据IEC标准[38，39]，在固体涂层法中，用NaCl模拟导电物质，用硅藻土模拟不溶性物质。根据试品表面积和所试验的盐密/灰密，计算并称量出所需NaCl和硅藻土的量，放入洁净瓷碗中并加入适量γ_{20}<10 μS/cm的去离子水，充分搅拌成糊状，再用小排刷将全部污秽物均匀涂刷于试品绝缘子绝缘表面，刷涂过程在1 h内完成，然后让其自然阴干24 h后进行试验，使其憎水性得到一定的恢复和迁移。本节中，固体涂层法染污时盐密与灰密之比为*SDD*：*NSDD*=1：6。采用TG328B半自动分析天平测量不溶污秽物质量，其分度值为0.1 mg，最大量程为200 g。

3. 覆冰水电导率法染污

覆冰水电导率法染污通过使用不同电导率的覆冰水来模拟绝缘子表面污秽的沉积。覆冰实验前根据实验所模拟的污秽度配制所需电导率的一定量的覆冰水，覆冰时将洁净的绝缘子布置在人工气候室里进行覆冰。

4.1.2 预染污方式对覆冰绝缘子闪络电压的影响

绝缘子在覆冰之前和覆冰过程中不可避免地会有污秽，污秽对覆冰绝缘子串的外绝缘特性影响很大，即使轻微的污秽，也会造成覆冰绝缘子串的闪络电压显著下降。研究已经证明，理论上的纯冰是一种良好的电介质。无论属于何种染污方式，在融冰过程中冰体表面或冰晶体表面的水膜会很快溶解污秽物中的电解质，并提高融冰水或冰面水膜的导电率，从而降低覆冰绝缘子串的闪络电压。

本节采用两种模拟污秽的方式试验得到的覆冰绝缘子负极性直流冰闪电压如表4.1 ~ 表4.2所示。严重覆冰时，冰闪电压与电弧距离基本呈线性关系，因此，其电弧闪络梯度如表4.3 ~ 表4.4所示。试验时A型绝缘子覆冰量约为3.5 kg/支，B型覆冰量约为2.5 kg/支，但复合绝缘子大伞之间均被冰凌桥接，即绝缘子属于严重覆冰状态。采用恒压升降法[19,23]求取覆冰绝缘子的50%耐受电压（$U_{50\%}$），共进行10次有效试验，则$U_{50\%}$为：

$$U_{50\%}=\frac{\sum(n_iU_i)}{N} \tag{4.1}$$

式中，$U_{50\%}$为覆冰绝缘子的50%耐受电压，kV；U_i为第i次试验电压，kV；n_i为施加U_i的试验次数；N为总的有效试验次数。

大量试验结果表明，污秽绝缘子的冰闪电压与盐密的关系可表示为：

$$U_{50\%}=AS^{-a} \tag{4.2}$$

式中，S为绝缘子预染污的盐密（SDD），mg/cm^2；A为与覆冰状态、绝缘子结构等有关的常数；a为盐密对覆冰绝缘子冰闪电压影响的特征指数。

表4.1　固体涂层法预染污的试验结果

SDD/（mg/cm^2）		0.03	0.05	0.08	0.12	0.15
A型	$U_{50\%}$/kV	136.1	120.4	108.2	98.5	93.0
	σ%	4.4	5.8	6.4	7.4	8.1
B型	$U_{50\%}$/kV	124.3	109.7	102.0	88.7	84.5
	σ%	3.9	5.6	6.5	7.3	7.6

表4.2　覆冰水电导率法模拟污秽的试验结果

γ_{20}/（μS/cm）		80	200	360	640	1 000
A型	$U_{50\%}$/kV	176.9	148.2	123.2	107.4	93.1
	σ%	4.9	5.9	5.4	4.3	2.1
B型	$U_{50\%}$/kV	160.7	139.9	115.7	99.7	83.1
	σ%	3.3	4.5	5.7	4.2	3.8

表4.3　固体涂层法预染污的闪络梯度（kV/m）

SDD/（mg/cm^2）	0.03	0.05	0.08	0.12	0.15
A型	112.4	99.7	89.4	81.4	76.9
B型	118.7	104.4	97.2	84.5	80.4

表4.4　覆冰水电导率法的闪络梯度（kV/m）

γ_{20}/（μS/cm）	80	200	360	640	1 000
A型	147.1	123.3	102.6	88.7	77.0
B型	155.9	132.3	110.2	94.9	79.5

绝缘子冰闪电压与换算至20℃时覆冰水电导率（γ_{20}）的关系可表示为：

$$U_{50\%}=B\gamma_{20}^{-b} \tag{4.3}$$

式中，B为与覆冰状态、绝缘子结构等有关的常数；b为γ_{20}对绝缘子冰闪电压影响的特征指数。

分别将表4.1～表4.2试验结果按式（4.2）、（4.3）拟合，得到复合绝缘子的50%耐受电压（$U_{50\%}$）与SDD和γ_{20}的关系如图4.1～图4.2所示，系数和指数A、a和B、b值如表4.5所示。

由图4.1和图4.2中可知，不管哪种型式的绝缘子，其覆冰闪络电压均随盐密或覆冰水电导率的增加而降低，且逐渐呈饱和下降的趋势。

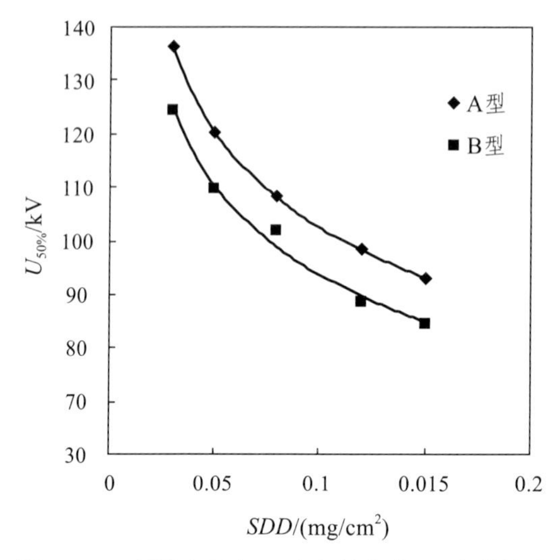

图4.1　50%耐受电压（$U_{50\%}$）与盐密（SDD）的关系

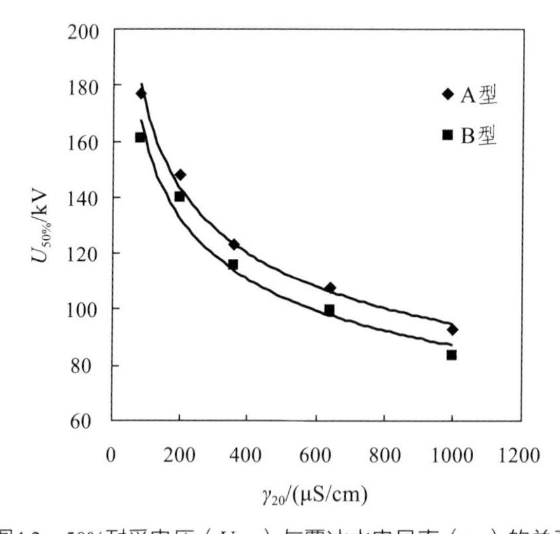

图4.2　50%耐受电压（$U_{50\%}$）与覆冰水电导率（γ_{20}）的关系

表4.5　不同型式绝缘子A、a及B、b值

试品	A	a	R^2	B	b	R^2
A型	59.72	0.234	0.999	564.7	0.258	0.991
B型	54.07	0.239	0.987	545.7	0.266	0.979

绝缘子沿电弧距离的闪络电压梯度可由下式得[47]：

$$E_{\mathrm{h}} = U_{\mathrm{f}} / h \tag{4.4}$$

式中，E_h为绝缘子沿电弧距离的闪络电压梯度，kV/m；h为绝缘子的电弧距离（绝缘高度），m。

图4.3所示为两种型式绝缘子沿电弧距离的闪络电压梯度随SDD和γ_{20}的变化关系图。从图中可知，绝缘子表面盐密或覆冰水电导率对沿电弧距离闪络梯度的影响趋势是一致的。

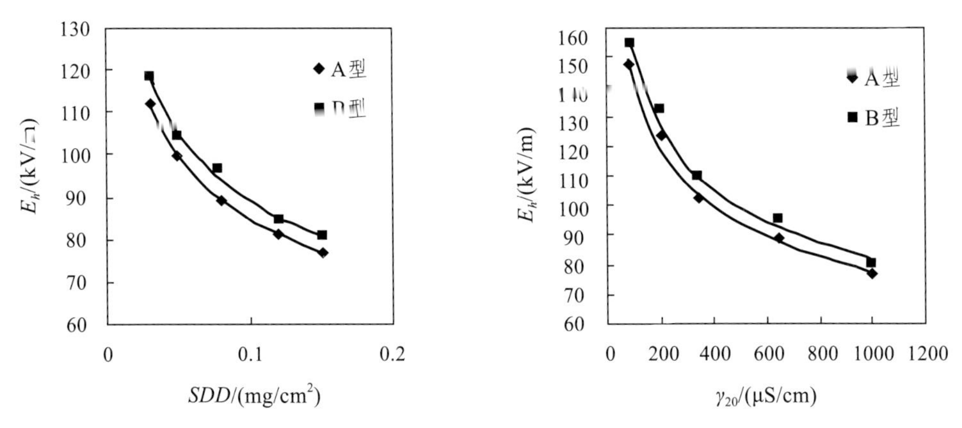

图4.3　SDD和γ_{20}对覆冰绝缘子电弧闪络梯度的影响

试验观测表明，染污方式影响覆冰绝缘子放电电弧的发展。由表4.1和表4.2可知，污秽模拟方式不同，试验结果的标准偏差也有所差异。

（1）采用固体涂层法时，试验结果的$\sigma\%$为3.9%～8.1%，且随着盐密增加，$\sigma\%$逐渐增大，表明试验结果分散性较大。固体涂层法染污时，污秽在冰层中的分布极不均匀，绝缘子表面与冰层的接触面是污秽的聚积之处。虽然由于“晶析效应”[7,45]导致表面污秽度增大，但在这种情况下，覆冰水电导率较小，只有80 μS/cm，“晶析效应”对污秽度的影响不明显，在雨凇覆冰类型中，冰层表面始终存在水膜，为污秽的湿润提供了必要条件。因此，其泄漏路径在绝缘子表面是沿着冰层内表面，即闪络路径常常是沿着绝缘子和冰的交界面，耐受试验中泄漏电流融化冰造成污秽物的大量流失，这种流失具有较大的随机性。

（2）采用覆冰水电导率染污时，$\sigma\%$为3.3%～5.9%，分散性相对较小，且与覆冰水电导率的变化没有明显规律。

采用覆冰水电导率模拟染污时，污秽在冰层中和冰层表面分布相对比较均匀，因“晶析效应”使冰层中导电物质排斥到冰表面，但在其内外表面分布基本上是均匀的，由于外表面受环境温度的影响较快，导电物质更容易溶解，泄漏电流和放电路径一般是沿着冰层外表面，污秽流失相对较为均匀。

4.1.3 预染污方式对覆冰绝缘子闪络电弧发展过程的影响

1. 覆冰水电导率法染污时覆冰闪络电弧发展过程

采用覆冰水电导率模拟绝缘子表面污秽时在覆冰过程中存在“晶析效应”，即冻雨下当绝缘子表面的水膜由内层向外逐渐冻结时，内层水中原来溶解的一些杂质离子将析出，并转移到尚未冻结的外表水层中去，从而最终使覆冰的外表层杂质离子富集。本节在重庆大学高电压实验室的多功能人工气候室内，采用覆冰水电导率法对绝缘子串进行覆冰，使绝缘子之间的伞裙完全桥接，然后进行闪络试验。在分析覆冰绝缘子串的闪络过程中，本节采用了现场观察和利用高速摄像机拍摄相结合的方法。高速摄像机在高速拍摄的过程中，由于每张照片的进光量很小，只能清楚地拍摄到电弧发展很明亮，也就是白弧的情况，不能完全说明电弧发展的全过程。因此，采用现场观察记录和高速摄像机拍摄相结合的观测方式对于全面分析覆冰绝缘子的闪络过程是必要的，并使用示波器将覆冰绝缘子闪络电压波形记录下来。

试验中观测到，电弧在覆冰外表面的发展过程可以分为以下几个阶段，试验中加压方法采用均匀升压法。

（1）电晕发展阶段。

在图4.4中，t=0～0.60 s为电晕的形成与发展阶段。在直流电压作用下绝缘子串因覆冰而使沿串电位分布严重畸变。随着试验电压的均匀上升，在靠近导线端绝缘子伞裙下表面附近首先出现一些淡蓝色的小电弧并伴有“吱吱”声。这种放电不断发展并逐渐加剧，但此时并没有出现明亮的电弧，通过测量发现：此时的泄漏电流在0～50 mA；且随电晕的增强，泄漏电流也相应增加。当泄漏电流达到50 mA以上时，开始出现明亮的电弧。

（2）明亮电弧形成阶段。

在图4.4中，t=0.60～0.96 s为明亮电弧的形成阶段。在这段时期，随着外加电压的升高，电晕放电开始变为明亮的电弧放电。此时，电源供给的能量一部分用于来维持电弧燃烧，另一部分用于融化冰层，绝缘子表面出现融冰水。

（3）飘弧阶段。

在图4.4中，t=1.00～1.16 s为电弧的飘弧阶段。在这个阶段，电弧基本上稳定燃烧，随着绝缘子串漏泄电流进一步增加，其焦耳热不仅可以使冰层充分融化，而且由于直流电热力作用，使得电弧离开绝缘子表面产生飘弧。直流情况下的飘弧比交流情况下要严重得多，其原因是直流电流所受的电热力比交流情况大得多。

（4）放电通道漂移。

在图4.4中，t=1.20～1.76 s为放电通道飘移阶段。在这个阶段，随着泄漏电流的增加，覆冰表面的融冰水急剧增加而形成的水流将放电产生的焦耳热及融冰水带走，因而使电压降集中在绝缘子表面，电弧上的电压减少，当低于其维持电压时，出现间隙性电弧。或者电弧灼烧导致冰凌断裂，造成电位重新分布，电弧通道漂移。同时，由于强电场的作用，电弧又在别的地方重燃，形成放电通道沿绝缘子表面飘移现象。

t=0 s　t=0.56 s　t=0.60 s　t=0.90 s　t=0.96 s　t=1.12 s

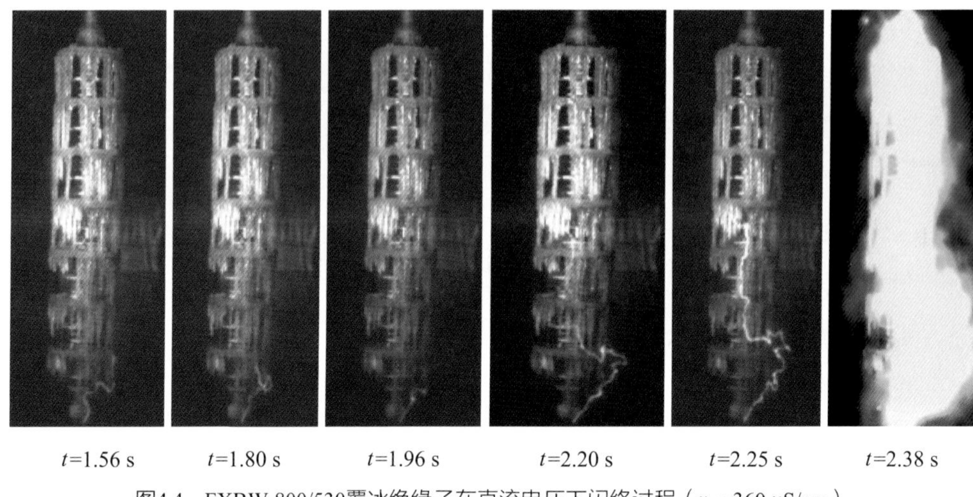

图4.4　FXBW-800/530覆冰绝缘子在直流电压下闪络过程（γ_{20}=360 μS/cm）

（5）电弧暂时减弱。

在图4.4中，t=1.80～1.96 s为电弧减弱阶段。与交流的电弧“零休”不同，直流电弧发展到一定阶段，并不产生“零休”，电弧只是相对减弱，这与直流电压没有过零点有关。直流电弧减弱的原因：其一是随着电弧的飘移，覆冰表面的各处都形成水流而将电流焦耳热带走，使用于冰融化的能量增加，而维持电弧的能量减小，使电弧相对减弱；其二是覆冰表面的带电粒子随着融冰水一起损失，冰表面电阻增加，电流相对减弱。电弧的减弱与试验电源容量也有很大的关系，由于试验中绝缘子串被冰凌完全桥接，且冰凌数目多，绝缘子串的总电阻为所有冰凌电阻并联和，因而其总电阻小，其泄漏电流大，对电源容量要求较高，电源容量太小，就会出现试验电压下降而不闪络现象。

（6）全面闪络阶段。

在图4.4中，当t=2.38 s时，覆冰绝缘子突然闪络。随着电源电压的升高，泄漏电流将进一步增加。当泄漏电流达到一定值，电流焦耳热远大于因冰融化而带走的热量时，冰表面的温度升高，当表面温度升高到一定值，将引起绝缘子电弧发展为完全闪络。此时白弧电流的焦耳热不仅可以使冰层充分融化，而且足以保证间歇性白弧稳定燃烧，并在导电水膜表面空气中发展。此时绝缘子串各片间都已出现白弧，各段白弧迅速连通，跨接串长的40%～70%，白弧与接地端的小弧连通而完成全面闪络。

以上是覆冰绝缘子直流电弧从形成到发展所要经历的6个阶段。从以上分析可知，每个发展阶段所需要的时间不一定相同，且飘弧阶段和电弧通道漂移阶段的区分有时不明显。同时我们研究还发现，电弧发展至闪络的时间还与绝缘子型式和施加电压的快慢有关。但是，电弧发展的阶段性是不变的。

2. 固体涂层法染污时覆冰闪络电弧发展过程

试验结果表明，覆冰不仅导致绝缘子串电压分布畸变，这种电压分布的畸变是绝缘子（串）冰闪电压降低的主要原因之一[50-52]，而且无论覆冰轻重如何，覆冰对绝缘子串电压分布都有畸变作用、覆冰越重，电压分布畸变越大，绝缘子串两端特别是高压引线端绝缘子承受电压百分数越高，导致这些部位首先产生放电，局部冰层开始融化。

图4.5所示为固体涂层法时覆冰绝缘子闪络过程图。从中可以看出，两种染污方式下的电弧发展过程有差异，但其发展过程的阶段性是相似的。当采用固体涂层法模拟覆冰绝缘子表面污秽时，覆冰绝缘子冰层内表面污秽浓度明显高于冰层外表面，所以覆冰闪络时电弧常常沿冰层内表面发展。比较两种不同染污方式的覆冰绝缘子闪络过程时发现以下几个不同点：

（1）在电弧的形成与发展阶段，因为电弧沿冰层内表面发展，绝缘子覆冰的外表面并没有明亮电弧存在。虽然在靠近高压端的绝缘子伞裙下表面依然有飘弧现象，但电弧并没有飘到覆冰的外表面上。采用覆冰水电导率法染污的绝缘子基本都是从高压端绝缘子伞裙下表面开始起弧向上发展，而采用固体涂层常常在高压端和低压端的伞裙表面都在起弧，可能是采用固体涂层法染污的覆冰绝缘子导致电压沿串分布畸变更严重的原因。

（2）采用覆冰水电导率法染污的绝缘子表面电弧常常只有一个主电弧发展，而采用固体涂层法染污的绝缘子因为污秽不均匀等原因，间隙性电弧更多，放电主通道常发生变化。

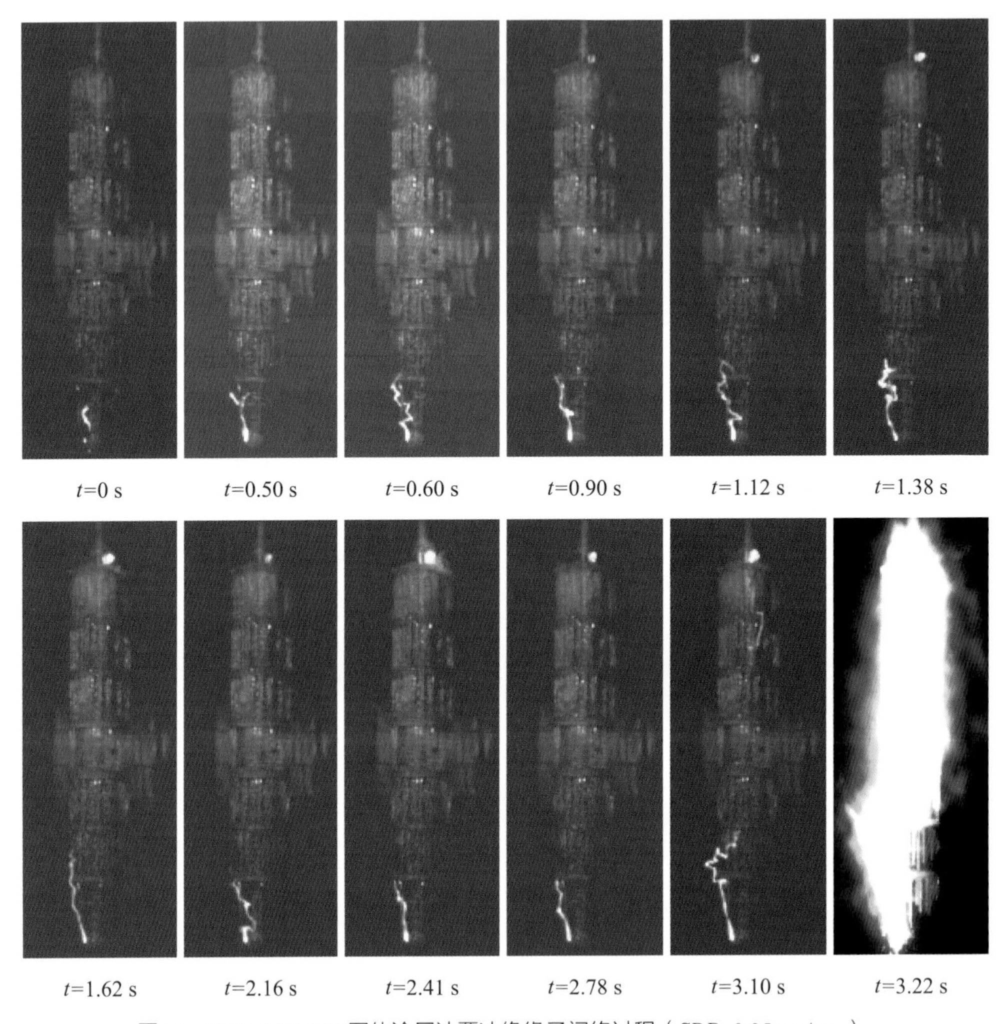

图4.5　FXBW-800/530固体涂层法覆冰绝缘子闪络过程（SDD=0.05 mg/cm$_2$）

（3）因为冰层内表面环境温度较低，采用固体涂层法染污的覆冰绝缘子从电弧发展到全面闪络的时间更长。

（4）采用覆冰水电导率法染污的绝缘子闪络电弧弧根半径要比固体涂层法的小，绝缘子表面污秽程度越严重，差异越明显。

两种预染污方式下，污秽程度和覆冰状态都对电弧的发展过程有着重要影响。绝缘子表面污秽越严重，覆冰闪络是泄漏电流越大，局部电弧所受的电动力和热浮力越大，更易发生飘弧，这与观测现象一致。当冰柱与下一个伞裙间存在空气间隙时，在外加电压空气间隙上承担较高电压，产生局部电弧并灼烧冰凌，容易出现间隙性电弧或电弧通道转移，而当冰层将绝缘子串包裹较严实时，电弧发展过程较稳定。

3. 预染污方式对覆冰闪络电弧发展时间影响

从电弧发展速度方面来看，电弧发展过程主要可以分为两个阶段：第一个阶段为电弧建立至电弧长度达到绝缘距离40%之前，这个阶段电弧发展速度相对较慢，通过高速摄像机测量每个时间间隔的电弧变化长度可得电弧发展速度，第一阶段的电弧平均发展速度在0.21 m/s；第二阶段为电弧长度达40%以上直至绝缘子完全闪络阶段，在这一阶段的电弧发展速度迅速增加，电弧平均发展速度达到4.1 m/s，并在临闪时刻达到极大值。图4.6所示为两种预染污方式下，A型绝缘子电弧短接绝缘距离长度随时间的变化关系图，l为绝缘子串绝缘高度。

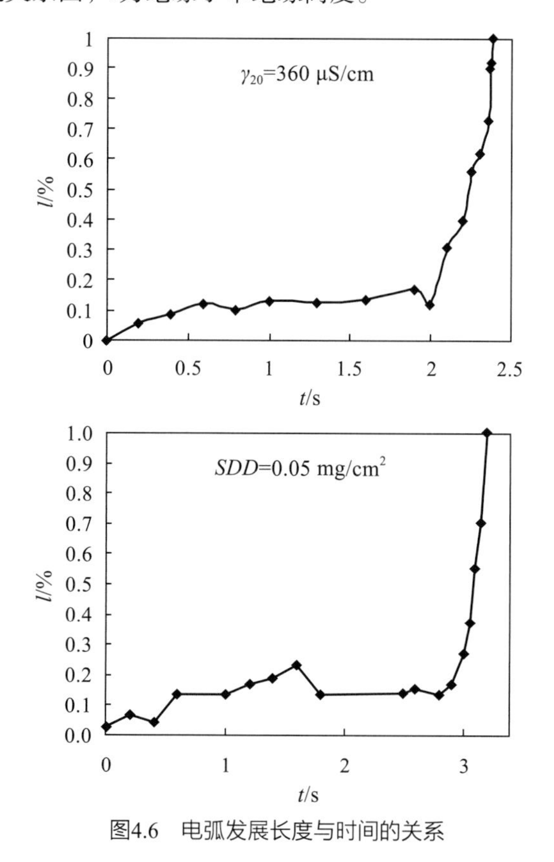

图4.6 电弧发展长度与时间的关系

试验中发现：在覆冰量基本相同的条件下，绝缘子表面污秽程度对电弧发展时间有着重要影响，污秽越严重，从电弧建立到绝缘子完全闪络所需时间越长。这是因为绝缘子表面越严重，更容易在较低电压下就产生局部电弧。特别是采用固体涂层法染污时，污秽在绝缘子表面相对不均匀，不同污秽等级下局部电弧发展时间差异性较大；而采用覆冰水电导率法时，电弧发展时间的差异性相对要小些。图4.7和图4.8所示分别为两种染污方式下电弧发展时间变化图。

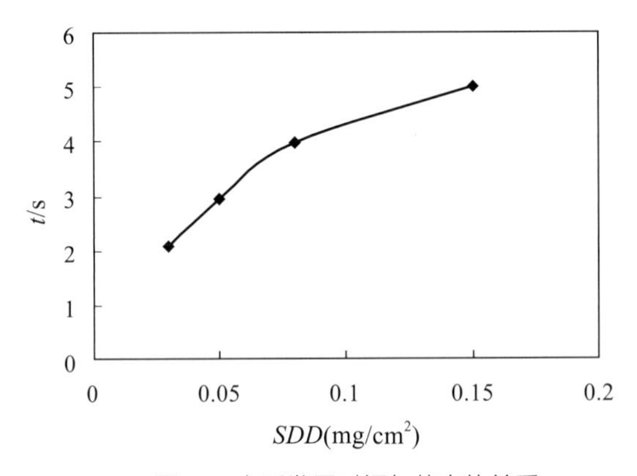

图4.7　电弧发展时间与盐密的关系

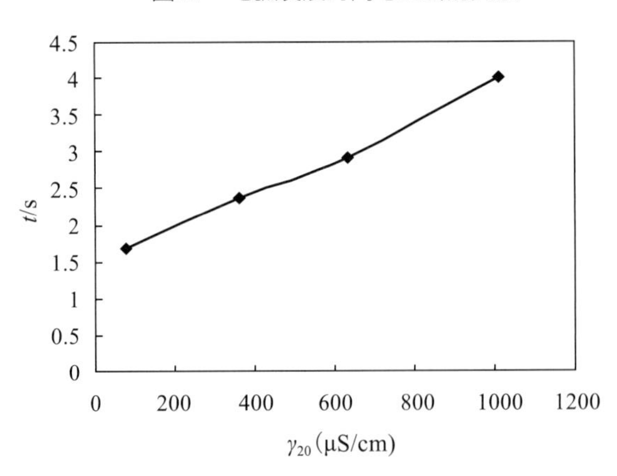

图4.8　电弧发展时间与覆冰水电导率的关系

4.1.4　固体涂层法与覆冰水电导率法的等价性

覆冰是一种特殊形式的污秽[7]，无论采取何种方式染污，对冰闪电压影响的效果是一致的。试验研究表明，采用固体涂层法染污更接近实际，但人工模拟试验中，预染污的污秽易被覆冰水冲洗，导致试验结果存在较大分散性。因此，在试验研究中采取人工预喷雾的方式控制污秽的流失，与实际运行相符，但这种方法复杂而麻烦。覆冰水电导率法虽不能直接表征覆冰前污秽的状况，但其实际仍反映了污秽的影响，且试验过程相对简单，因此，这种方法是国内外广泛应用的模拟污秽的方法[7,19,48,49]。

覆冰绝缘子的闪络电压随覆冰量的增加而降低，当覆冰量达到一定程度时，其下降趋于平缓[7,17,33]。以FXBW4-110/100（B型）复合绝缘子为试品，采用覆冰水电导率法模拟污秽（γ_{20}=360 μS/cm），平均闪络电压与覆冰量的关系如图4.10所示。

由图4.9可知，随着覆冰量的增加，冰闪电压逐渐下降并趋于平缓，当覆冰量达到5.0 kg/支时，覆冰基本饱和，冰凌不仅完全桥接伞裙，而且冰层完全包裹绝缘子，覆冰继续增加，冰闪电压下降不明显。

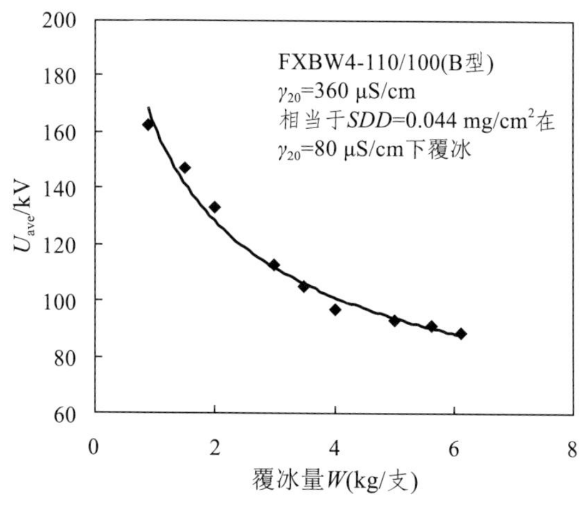

图4.9 复合绝缘子50%冰闪电压与覆冰量的关系

覆冰量较轻时，冰凌不足以短接伞裙间隙，即在冰凌与下一个伞裙上表面之间有较大的空气隙，爬电距离充分利用，冰闪电压较高。随着覆冰量增加，冰凌与伞裙间的空气隙逐渐减小，绝缘子闪络电压也逐渐下降。当覆冰量达到一定程度时，冰凌桥接伞裙间的空气隙，这时若进一步增加覆冰量，放电路径几乎不变，因此，闪络电压变化变缓。

本节利用不同覆冰水电导率对复合绝缘子串进行覆冰，得出不同覆冰量下绝缘子串的闪络电压如表4.6所示。试品使用的是FXBW4-110/100（B型），试验时的加压方式采用均匀升压法。其中W为覆冰质量，单位为kg；γ_{20}为覆冰水电导率，单位为μS/cm；闪络电压值U_{ave}单位为kV。

从表4.6中可以看出，在覆冰水电导率很低的清洁地区，即使很高的冰重也不容易导致复合绝缘子的覆冰闪络事故。而当覆冰水电导率较高时，当覆冰质量达到一定程度时，其闪络概率将达到危险的水平。所以在考虑两种染污方式之间的等价性时，必须计入覆冰质量对闪络电压的影响。

当考虑覆冰量对γ_{20}与S（SDD）之间关系的影响时，可引入覆冰质量W，分别有：

$$\begin{cases} U(W,S)=A'(W\cdot\sigma_{20})^{-a}\cdot S^{-a}=AW^{-a}S^{-a} \\ U\left(W,\gamma_{20}\right)=B(W\cdot\gamma_{20})^{-b} \end{cases} \tag{4.5}$$

式中，W为覆冰质量，kg；σ_{20}为固体涂层法染污时覆冰水电导率，μS/cm；A，B为与覆冰状态、覆冰量和绝缘子结构有关的常数；a为盐密对覆冰绝缘子冰闪电压影响的特征指数；b为γ_{20}对绝缘子冰闪电压影响的特征指数；S（SDD）为盐密，mg/cm^2；γ_{20}为覆冰水电导率，μS/cm。

将表4.6中按式（4.5）进行曲线拟合，得到绝缘子冰闪电压与覆冰量和覆冰水电导率的变化关系图，如图4.11所示，其拟合关系式如下：

$$U(W,\gamma_{20})=726.94(W\cdot\gamma_{20})^{-0.2734} \tag{4.6}$$

表4.6　不同覆冰水电导率下覆冰绝缘子冰闪电压随冰重变化关系

W	γ_{20}				
	80	200	360	630	1 000
0.9	203.2	178.1	166.5	141.8	121.1
1.5	191.4	166.7	154.1	128.4	110.4
2.0	174.2	151.4	139.2	117.6	102.4
2.5	167.3	146.2	121.8	104.9	87.9
3.0	149.3	127.0	115.7	91.7	78.6

续　表

W	γ_{20}				
	80	200	360	630	1 000
3.5	139.4	119.3	109.2	85.9	75.2
4.0	131.3	112.7	102.1	79.6	69.3
5.0	125.5	107.2	97.8	77.3	67.7
5.6	117.9	101.5	96.3	73.5	63.7
6.1	116.3	97.8	93.4	70.9	58.9

从图4.10中可以看出，将覆冰量和覆冰水电导率作为影响绝缘子冰闪电压的综合因子考虑是可行的，它们对绝缘子冰闪电压的影响趋势与给定覆冰质量下绝缘子冰闪电压随覆冰水电导率的变化趋势基本一致，仍符合幂指数关系，这进一步印证了覆冰是一种特殊的污秽。

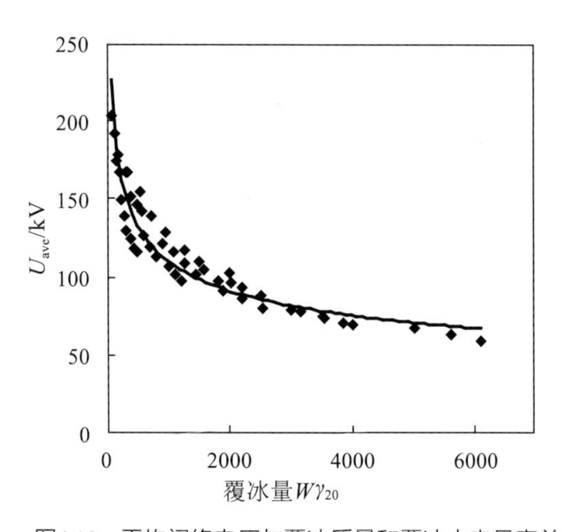

图4.10　平均闪络电压与覆冰质量和覆冰水电导率关系图

同理，可以求得覆冰质量和盐密共同作用时冰闪电压与覆冰量和覆冰水电导率的变化关系式如下：

$$U(W,S)=67.57(W\cdot S)^{-0.2559} \tag{4.7}$$

为找出固体涂层法和覆冰水电导率法之间的关系，由式（4.5）、（4.6）、（4.7）可得覆冰水电导率与盐密的关系为：

$$\begin{aligned}\gamma_{20} &= \frac{1}{W}\left(\frac{B}{A}\right)^{\frac{1}{b}} \cdot W^{\frac{a}{b}} S^{\frac{a}{b}} \\ &= 5\,944.6W^{-0.064}S^{0.936}\end{aligned} \tag{4.8}$$

由式（4.8）可知，两种污秽模拟方法对复合绝缘子覆冰闪络电压的影响上具有一定的等价性。且固体涂层法染污的试验结果的标准偏差大于覆冰水电导率法，建议试验时采用覆冰水电导率，这种方法简便，试验结果分散性相对较小。

4.2 盘形悬式绝缘子预染污方法及其对覆冰绝缘子电气特性的影响

4.2.1 染污方式对直流冰闪电压的影响

1. 试验结果

试验分别对7片串的XZP-210、LXZY-210绝缘子进行覆冰，覆冰状态为雨凇，绝缘子上表面覆冰厚度为5 ~ 7 mm，冰的密度为0.84 ~ 0.89 g/cm^3，覆冰量为3.9 ~ 4.5 kg/串，绝缘子之间均被冰凌桥接，即绝缘子属于较严重覆冰状态。

试验采用恒压升降法求取覆冰绝缘子的50%闪络电压或耐受电压（$U_{50\%}$）。

由于覆冰绝缘子的正极性冰闪电压高于负极性，试验时均采用负极性直流进行试验。严重覆冰时，采用二种模拟污秽的方式试验得到的覆冰绝缘子负极性直流冰闪电压如表4.7 ~ 4.8所示。

表4.7　固体涂层法染污的试验结果

SDD/（mg/cm^2）	XZP-210		LXZY-210	
	$U_{50\%}$/kV	σ%	$U_{50\%}$/kV	σ%
0.03	109.7	6.6	116.9	7.3

续 表

SDD/（mg/cm^2）	XZP-210		LXZY-210	
	$U_{50\%}$/kV	σ%	$U_{50\%}$/kV	σ%
0.05	102.2	7.2	112.6	6.1
0.08	93.8	6.8	99.7	6.4
0.12	85.8	7.1	90.9	6.8

表4.8 覆冰水电导率法模拟污秽的试验结果

γ_{20}（μS/cm）	XZP-210		LXZY-210	
	$U_{50\%}$/kV	σ%	$U_{50\%}$/kV	σ%
200	130.2	3.1	135.3	4.3
360	113.1	3.7	122.4	3.8
630	98	4.0	104.1	3.2
1000	82.6	3.5	87.6	4.1

2. 试验结果分析

大量试验结果表明，污秽绝缘子的冰闪电压与SDD的关系可表示为：

$$U_{50\%} = AS^{-a} \tag{4.9}$$

式中，S为绝缘子预染污的盐密（SDD），mg/cm^2；A为与覆冰状态、绝缘子结构等有关的常数；a为SDD对覆冰绝缘子冰闪电压影响的特征指数。

而绝缘子冰闪电压与覆冰水电导率γ_{20}（换算至20℃时）的关系可表示为：

$$U_{50\%} = B\gamma_{20}^{-b} \tag{4.10}$$

式中，γ_{20}为覆冰水电导率，μS/cm；B为与覆冰状态、绝缘子结构等有关的常数；b为γ_{20}对绝缘子冰闪电压影响的特征指数。

分别将表4.7～4.8的试验结果按式（4.9）、（4.10）拟合，得到绝缘子的50%闪络电压（$U_{50\%}$）与SDD和γ_{20}的关系如图4.11～4.12所示，拟合得到的系数和指数A、a和B、b值如表4.9所示。

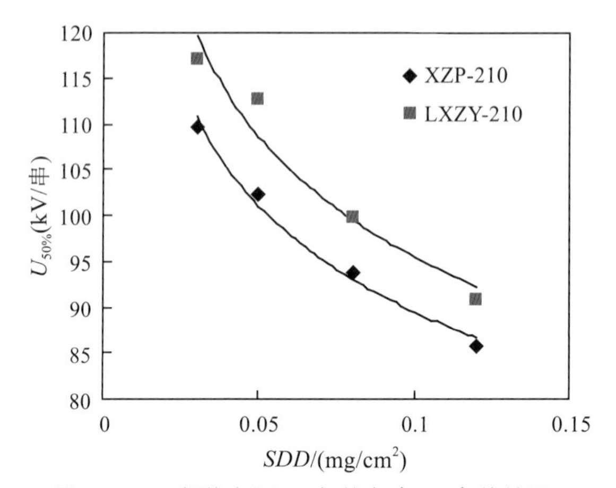

图4.11　50%闪络电压$U_{50\%}$与盐密（SDD）的关系

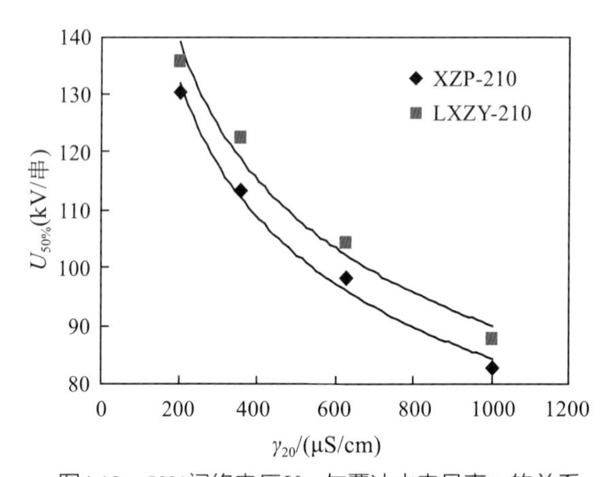

图4.12　50%闪络电压$U_{50\%}$与覆冰水电导率γ_{20}的关系

表4.9　不同型式绝缘子A、a及B、b值

试品型式	A	a	B	b
XZP-210	59.53	0.1769	576.67	0.2785
LXZY-210	61.96	0.1806	580.45	0.2699

试验研究表明：无论是采用固体涂层法还是覆冰水电导率法，对XZP-210、LXZY-210瓷和玻璃绝缘子的50%闪络电压（$U_{50\%}$）影响的效果是一致的。

4.2.2　两种污秽模拟方法的等价性

覆冰是一种特殊形式的污秽，无论采取何种方式染污，对冰闪电压影响的效果是一致的。试验研究表明，采用固体涂层法染污更接近实际，但人工模拟试验中，预染污的污秽易被覆冰水冲洗，导致试验结果存在较大分散性，因此，在试验研究中采取人工喷雾的方式控制污秽的流失，这种方法复杂而麻烦。覆冰水电导率法虽不能直接表征覆冰前污秽的状况，但其实际仍反映了污秽的影响，所以这种方法是国内外广泛应用的模拟污秽的方法。

为找出固体涂层法和覆冰水电导率法之间的关系，定义在相同覆冰条件下采用一致的试验方法得到的闪络电压相等时，表面盐密和覆冰水电导率对冰闪电压的影响相同，则由式（4.9）、（4.10）和表4.9可得覆冰前的盐密与覆冰水电导率的关系可表示为：

$$\gamma_{20}=C\times S^{c}=\left(\frac{B}{A}\right)^{1/b}\times S^{a/b}$$

$$=\begin{cases}3\ 021.32S^{0.622} & (\text{A型})\\ 3\ 023.59S^{0.608} & (\text{B型})\end{cases} \tag{4.11}$$

由式（4.11）可知，γ_{20}与S（SDD）之间满足幂函数关系，其系数C和指数c均与绝缘子的型式、覆冰量以及电弧距离没有明显关系，因此由式（4.11）可得γ_{20}与SDD的关系如图4.13所示。为便于比较，图4.13中还给出了复合绝缘子的试验结果。

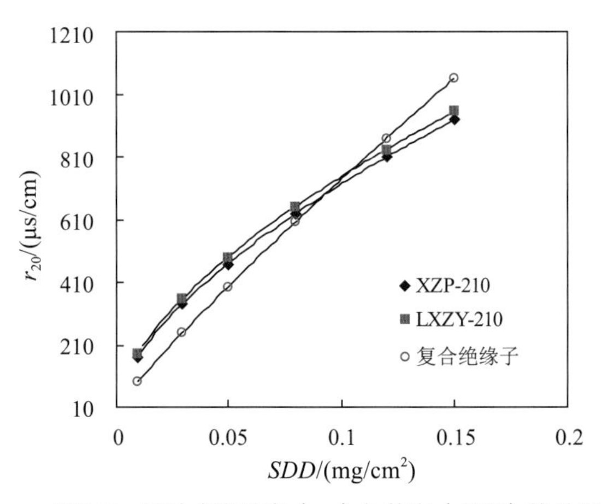

图4.13　覆冰水电导率（γ_{20}）与盐密（SDD）的关系

4.2.3 两种污秽模拟方法的冰闪电压分散性

由表4.7～4.8可知，两种污秽模拟方式下，瓷和玻璃绝缘子的50%冰闪电压的标准偏差有明显差异。染污方式对闪络试验结果的分散性具有影响。

（1）固体涂层法试验结果的标准偏差为6.1%～7.3%，试验结果的分散性较大。

固体涂层法染污时，污秽在冰层中的分布极不均匀，绝缘子表面与冰层的接触面是污秽的聚积之处，虽然由于“晶析效应”[1]导致表面污秽度增大，但在这种情况下，覆冰水电导率较小，只有80 μS/cm，晶析效应对污秽度的影响不明显，而在雨凇覆冰类型中，冰层内外表面始终存在水膜，为污秽的湿润提供了必要条件，因此，其泄漏路径在绝缘子表面是沿着冰层内表面，即闪络路径是沿着绝缘子和冰的交界面，耐受试验中泄漏电流融化冰造成污秽物的大量流失，这种流失具有较大的随机性。

（2）覆冰水电导率法试验结果的标准偏差为3.1%～ 4.3%，分散性相对较小。

采用覆冰水电导率模拟染污时，污秽在冰层中和冰层表面分布相对比较均匀，晶析效应导致冰层中导电物质排斥到冰层表面，但在其内外表面分布是均匀的，由于外表面受环境温度的影响较快，导电物质更容易溶解，泄漏电流和放电路径一般是沿着冰层外表面，污秽的流失相对较为均匀。

4.2.4 污秽模拟方式对直流冰闪路径的影响

无论是XZP-210还是LXZY-210绝缘子长串，其电弧都可以分为外部电弧和内部电弧来讨论。与污秽绝缘子表面覆有一层薄污秽相比，覆冰绝缘子冰层相对较厚，因此在闪络过程中，闪络沿两条不同的路径：一条在冰层表面，通过空气，称为外部电弧；另一条在冰层内部，称为内部电弧。研究表明，电弧沿冰层或者冰内部是随机的。作者团队通过大量试验发现，负极性下，负极性电弧沿冰层表面发展的概率较大。负极性电弧，大部分的Na原子通过弧根进入弧柱，使得负极性电弧距离绝缘子表面远一些，容易产生外部电弧[60]。试验中采用高速摄像仪，对盐密（*SDD*）分别为0.03、0.05、0.08、0.12 mg/cm^2，覆冰水电导率（γ_{20}）分别为200、360、630、1 000 μS/cm的7片串的XZP-210绝缘子的电弧发展过程进行了观测，如图4.14～4.21所示。

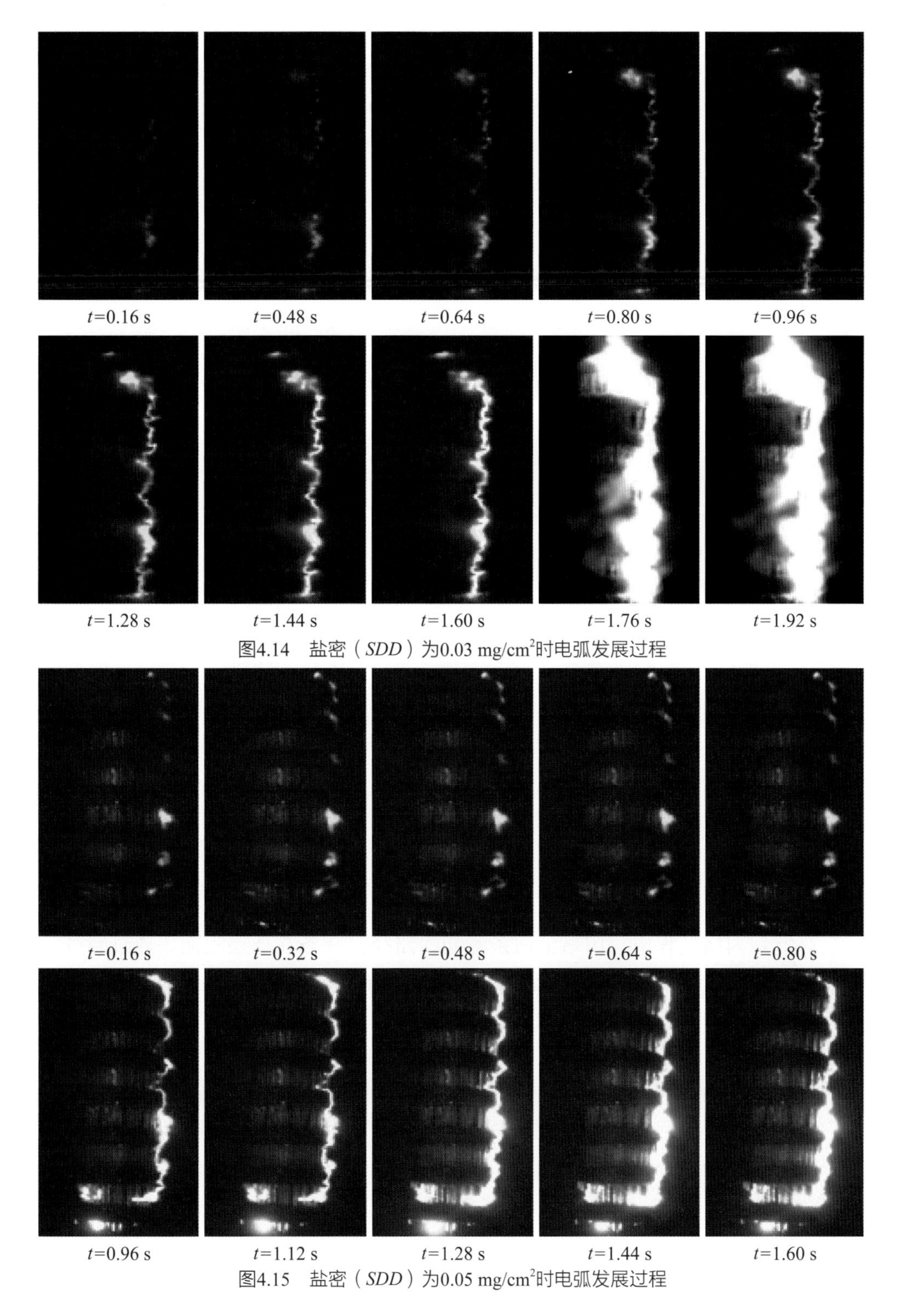

图4.14　盐密（*SDD*）为0.03 mg/cm^{2}时电弧发展过程

图4.15　盐密（*SDD*）为0.05 mg/cm^{2}时电弧发展过程

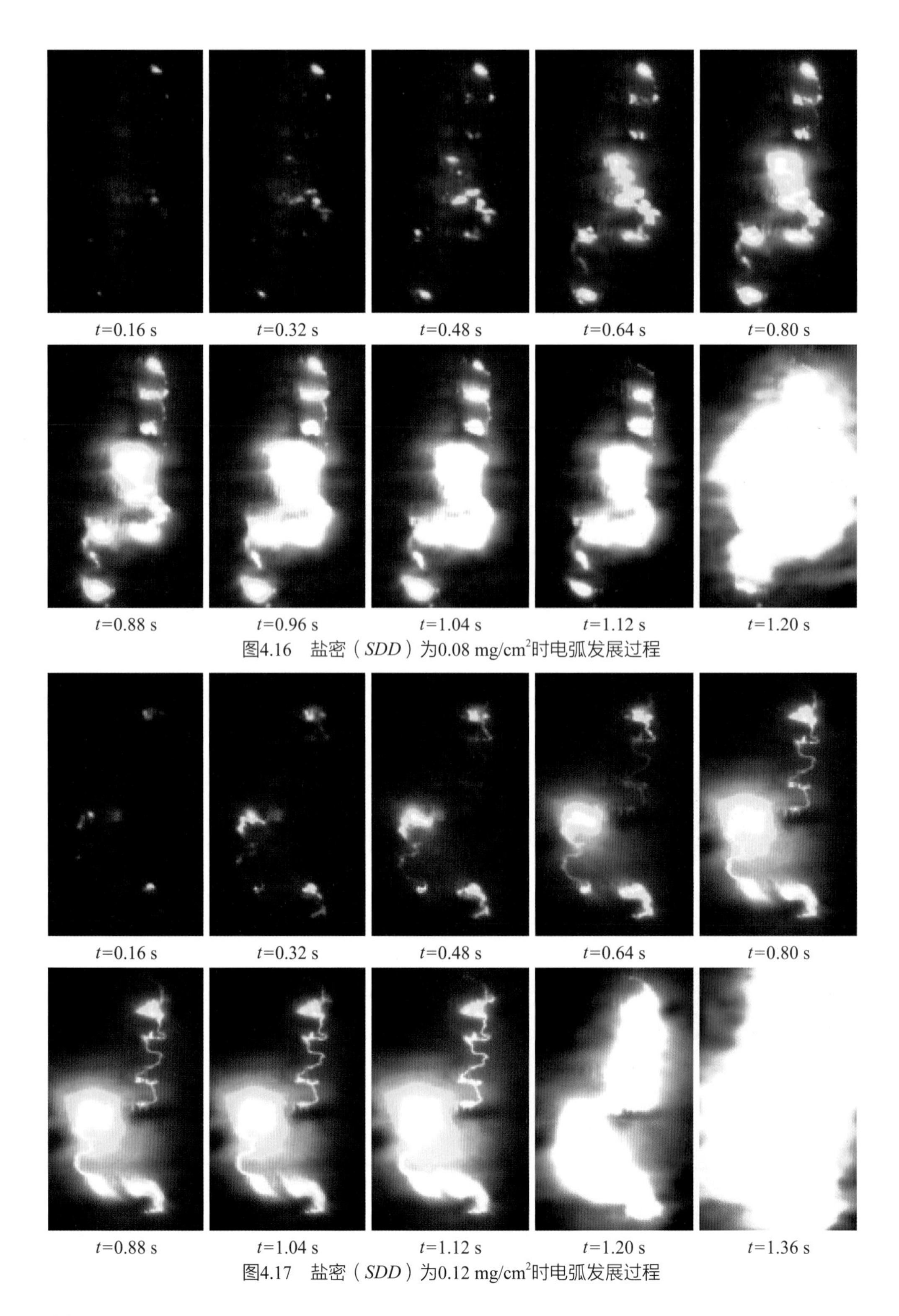

图4.16　盐密（*SDD*）为0.08 mg/cm^{2}时电弧发展过程

图4.17　盐密（*SDD*）为0.12 mg/cm^{2}时电弧发展过程

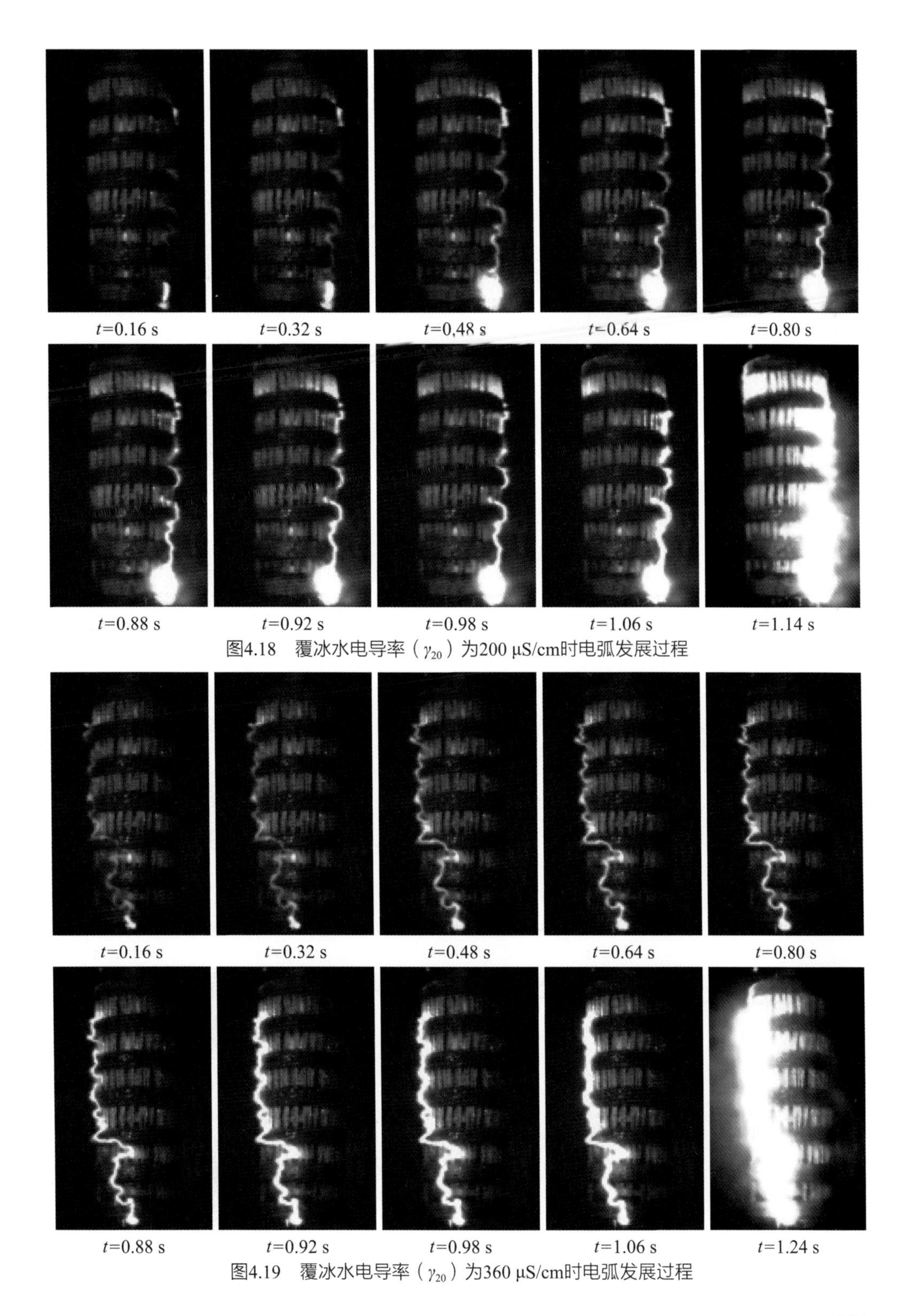

图4.18　覆冰水电导率（γ_{20}）为200 μS/cm时电弧发展过程

图4.19　覆冰水电导率（γ_{20}）为360 μS/cm时电弧发展过程

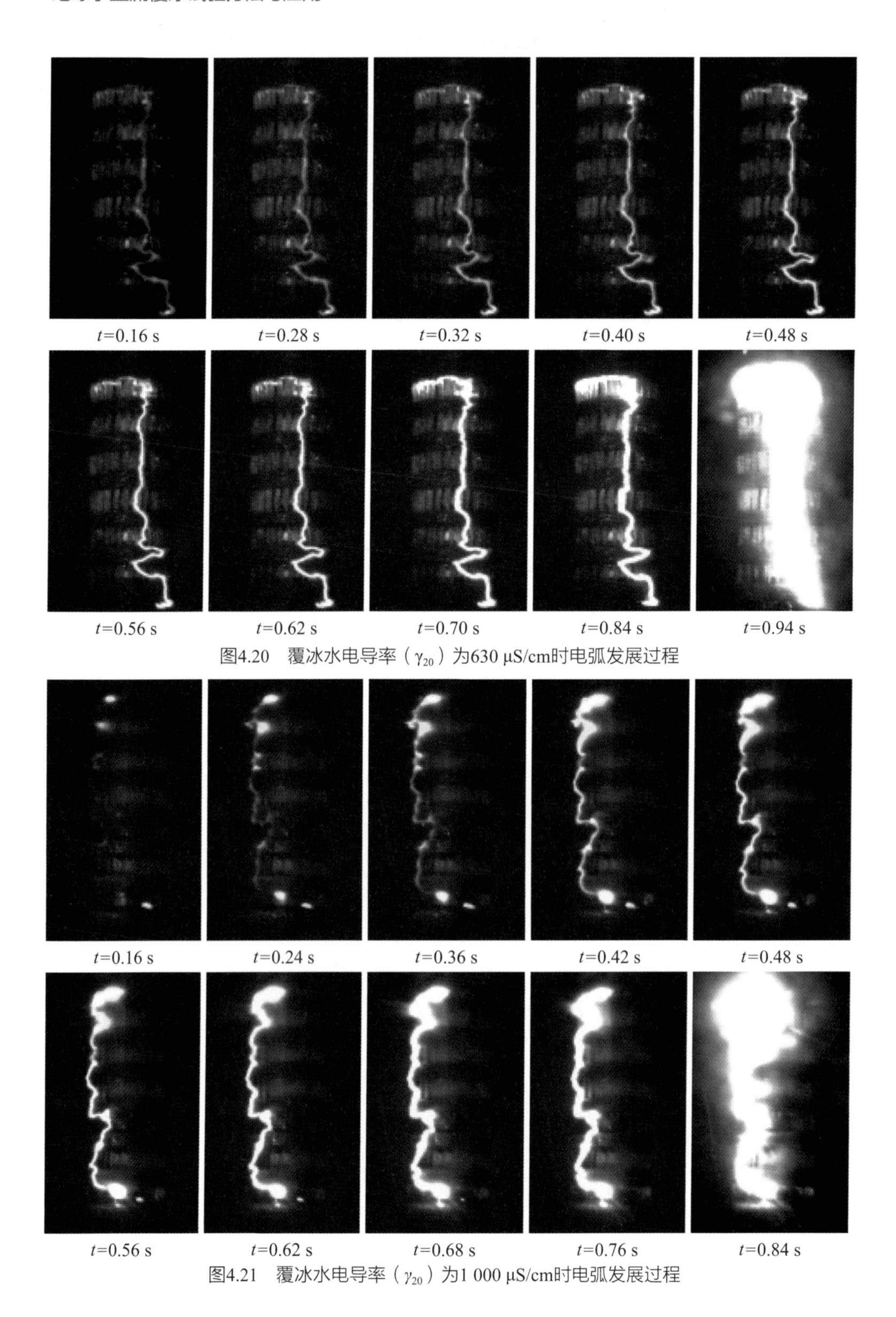

图4.20　覆冰水电导率（γ_{20}）为630 μS/cm时电弧发展过程

图4.21　覆冰水电导率（γ_{20}）为1 000 μS/cm时电弧发展过程

试验观测表明，两种染污方式下，XZP-210绝缘子串电弧发展过程存在明显差异。

采用覆冰水电导率模拟染污时，污秽在冰层中和冰层表面分布相对比较均匀，晶析效应导致冰层中导电物质排斥到冰层表面，但在其内外表面分布是均匀的，由于外表面受环境温度的影响较快，导电物质更容易溶解，泄漏电流和放电路径一般是沿着冰层外表面，污秽的流失相对较为均匀。图4.14 ~ 4.17表明：由于污秽分布得均匀，导致绝缘子串上的电压分布相较于固体涂层法时要均匀，电弧从开始起弧到完全贯通的发展过程较连贯，电弧由弱到强的现象比较明显，电弧的颜色多为浅蓝色，电弧发展的路径呈现明显的外部电弧特征。

采用固体涂层法染污时，污秽在冰层中的分布极不均匀，绝缘子表面与冰层的接触面是污秽的聚积之处，虽然由于“晶析效应”导致表面污秽度增大，但在这种情况下，覆冰水电导率较小，只有80 μS/cm，晶析效应对污秽度的影响不明显，而在雨凇覆冰类型中，冰层内外表面始终存在水膜，为污秽的湿润提供了必要条件，因此，其泄漏路径在绝缘子表面是沿着冰层内表面，即闪络路径是沿着绝缘子和冰的交界面，耐受试验中泄漏电流融化冰造成污秽物的大量流失，这种流失具有较大的随机性。图4.15 ~ 4.18表明：由于污秽分布得极不均匀，导致绝缘子串上的电压分布极不均匀，污秽程度低的区域承受的电压更高，电弧在局部区域强烈发展的现象较明显，且从开始起弧到完全贯通的发展过程较为断续，电弧颜色多呈橘黄色。在盐密（*SDD*）较大的情况下，这种橘黄色电弧断续发展的现象更加明显。

因此，本章分析表明：用固体涂层法和覆冰水电导率法模拟染污时仅对绝缘子闪络路径造成影响，而对绝缘子冰闪电压的影响具有等价性。

4.5 本章小结

1. 复合绝缘子方面

针对两种不同预染污方式对复合绝缘子冰闪特性进行了对比研究，得出以下结论：

（1）固体涂层法和覆冰水电导率法都可以作为覆冰绝缘子表面污秽模拟方法，它们之间存在一定的等价性关系。但固体涂层法染污的试验结果的标准偏差大于覆冰水电导率法，且试验过程复杂不易控制，建议试验时采用覆冰水电导率法。

（2）预染污方式对覆冰绝缘子闪络过程有着明显影响，采用覆冰水电导率法模拟染污时电弧发展主要是沿冰层外表面；而采用固体涂层法时，电弧先从冰层内表面发展，这与两种染污方式下污秽在冰层中的分布均匀性有很大关系。但两种染污方式下闪络过程的阶段性基本相同。

（3）覆冰是一种特殊形式的污秽，将覆冰量和覆冰水电导率（或盐密）作为影响绝缘子冰闪电压的综合因子考虑是可行的，它们对绝缘子冰闪电压的影响趋势与给定覆冰重量下绝缘子冰闪电压随覆冰水电导率（或盐密）的变化趋势基本一致。

2. 盘形悬式绝缘子方面

通过分析两种染污方式下瓷和玻璃绝缘子人工覆冰直流试验结果，得出以下结论：

（1）固体涂层法染污的瓷和玻璃绝缘子50%直流冰闪电压试验结果的标准偏差大于覆冰水电导率法，因此，试验时可以采用改变覆冰水电导率的方法模拟覆冰绝缘子染污，这种方法简便，试验结果分散性相对较小。

（2）染污方式影响冰闪的放电路径，覆冰水电导率模拟污秽时，冰闪一般沿着绝缘子冰层的外表面，电弧从开始起弧到完全贯通的发展过程较连贯，电弧由弱到强的现象比较明显，电弧的颜色多为浅蓝色，外部电弧特征十分明显；固体涂层法染污时，冰闪路径一般沿着冰层与绝缘子的交界面，电弧颜色多呈橘黄色，发展路径随机性较大，电弧在局部区域强烈发展的现象较明显。

（3）用固体涂层法和覆冰水电导率法模拟染污时仅对绝缘子闪络路径造成影响，而对绝缘子冰闪电压的影响具有等价性。

第5章

绝缘子覆冰方法及其影响因素

5.1 复合绝缘子覆冰方法及其影响因素

目前覆冰实验方法尚没有统一的国际标准，人工覆冰试验的目的就是要尽可能地模拟户外绝缘子现场运行情况。由于绝缘子的现场覆冰试验周期不固定、成本高等原因，大部分覆冰试验是在人工气候室完成的。人工气候室覆冰试验可以根据要求控制所需要的覆冰条件，能得到较好的重复性。绝缘子人工气候室覆冰分为带电覆冰和不带电覆冰两种。本节在人工气候室内模拟湿增长条件下分别对复合绝缘子的带电与不带电覆冰过程进行了研究，并对两种覆冰方法下试验结果的差异性进行了分析。

5.1.1 复合绝缘子覆冰方法程序

雨凇覆冰是绝缘子覆冰最严重的覆冰形式，其闪络概率远大于其他几种覆冰形式，本节如无特殊说明，覆冰均采用雨凇形式。

1. 不带电覆冰方法

在覆冰前，应将准备好的绝缘子预先挂入人工气候室，让绝缘子表面温度与周围环境温度相同。在使用固体涂层法模拟绝缘子表面污秽时，为防止覆冰水将污秽冲走，在开启喷淋装置前需人工往绝缘子表面喷洒薄薄的一小层冰。在人工气候室模拟自然环境覆冰的过程中，人工气候室的气温、风速和喷头的喷雾量应可控且能维持稳定；覆冰水在喷洒前预冷却至-4.0 ℃，覆冰水滴直径的大小控制在100 ~ 120 μm，覆冰时人工气候室温度控制在-5.0 ~ -7.0 ℃，风速为3 ~ 5 m/s，覆冰水的喷淋速度为

（60 ± 2）L /（h · m^3），风与覆冰表面的法向方向宜取约45 ℃。在以上条件下，复合绝缘子覆冰为均匀透明的雨凇，冰的密度为0.84 ~ 0.89 g/cm^3。

2. 带电覆冰方法

将预先准备好的绝缘子试品布置在人工气候室中，覆冰过程中喷雾量为2 L/min，雾滴的直径在20 ~ 120 mm，覆冰温度为−5℃，不带电时的覆冰条件一致，带电覆冰时绝缘子串施加直流电压20 kV（FXBW-35/70复合绝缘子）。试验过程中，每隔1 h暂停10 min，退去试验电压对绝缘子的覆冰情况进行测量和记录，整个覆冰过程为2 h。覆冰完毕后先将电压退去，照相后再进行覆冰状态和覆冰电气特性的比较研究。

3. 绝缘子覆冰特征量的测量

在人工覆冰过程中对覆冰的测量采用临近试品的金属棒或管（直径在20 ~ 30 mm，长约600 mm，转速为1 r/min）。金属管的纵向轴应该是水平的，整根管子与试验绝缘子要有相同的覆冰条件，每个圆柱体至少要进行3次覆冰厚度的测量。冰柱完全桥接伞裙常常是需要测量的临界点。

绝缘子覆冰质量也是影响覆冰绝缘子闪络电压的重要因素，所以在覆冰完成后要进行绝缘子串覆冰质量的测量。覆冰过程中还要进行覆冰密度的测量，覆冰密度的测量采取排液法[4]。

5.1.2 带电与不带电覆冰试验结果差异性分析

覆冰过程是与气象学、流体力学、热力学等有关的综合物理过程。环境条件对绝缘子覆冰的积累有重要的影响，不同的环境条件形成的冰的种类、性质和覆冰的速度都会不同。影响绝缘子覆冰的参量主要有：环境温度、风速、水滴直径大小和液态水含量。

带电覆冰除了以上的环境条件外，还受电场力、泄漏电流及局部放电、水分子极化和离子风等因素的影响，导致带电覆冰与不带电覆冰试验结果之间存在差异。国内外在研究、模拟绝缘子覆冰多是在不带电情况下进行的，与实际运行情况有差异，因此，非常有必要进行带电情况下的绝缘子覆冰研究。实际上，电场影响覆冰的状态和发展过程，特别是冰柱的发展，并形成空气间隙[52，55]。空气间隙的位置、数量和长度是电场畸变的主要因素[54-56]，从而降低绝缘子冰闪电压。

1. 带电与不带电覆冰绝缘子串覆冰状况差异

在相同覆冰条件下，带电覆冰对复合绝缘子表面覆冰状态影响，具体表现在冰凌桥接状况、冰凌形状和冰柱数量等。带电情况下高压端两伞裙间不易被冰凌桥接，但低压端伞裙仍会被桥接，其原因是绝缘子串覆冰后其电压分布发生严重畸变[56]，高压端绝缘子承受的电压占施加电压的60%以上，因此，在冰凌增长过程中，冰凌尖端的强电场导致冰尖产生局部放电，从而融化冰凌，阻碍了冰凌的生长。试验中观察到冰凌增长导致空气间隙击穿时，放电产生的热量融化冰凌及下表面覆冰，空气间隙距离增大，放电熄灭，从而限制了冰凌向下发展的趋势。图5.1表现了带电和不带电下复合绝缘子表面覆冰的差异。

两种覆冰条件下的差异表现：

（1）随着覆冰时间延长，带电和不带电覆冰的绝缘子表面覆冰均逐渐增长，当覆冰时间较短时，带电覆冰绝缘子串表面的冰呈颗粒状，不带电覆冰的绝缘子表面光滑。覆冰过程中绝缘子表面粗糙度的变化也会影响冰层的积累。

（2）随着覆冰时间的延长，带电和不带电覆冰时绝缘子表面冰的状态出现明显的差异，带电时绝缘子表面的冰呈茸毛状的微小分支，其原因是电场力对空气中过冷却微粒的吸引作用，使其向绝缘子表面定向移动，移动的方向为沿着电场的方向。在局部强电场的作用下，冰柱尖端或颗粒状分支产生很强的沉积放电，在冰凌尖端和绝缘子表面产生局部放电后，放电周围的空气电离将会增强，产生更多的带电粒子。残留在绝缘子表面附近的与作用电压有相反极性的离子与过冷却水滴碰撞，并将电荷传递给水滴，冰凌尖端和粗糙部分局部场强的加强会使这些地方产生更多的带电水滴。

（3）与不带电相比，带电覆冰时绝缘子表面的冰较细且疏松，这是电场的吸引作用造成的，使过冷却微粒在与冰凌碰撞时发生炸裂，从而形成多个更小的微粒，微粒在冻结前试图沿电场力方向脱离冰凌。吸附在空气中炸裂、变形的小水滴而形成的不同形状的覆冰。

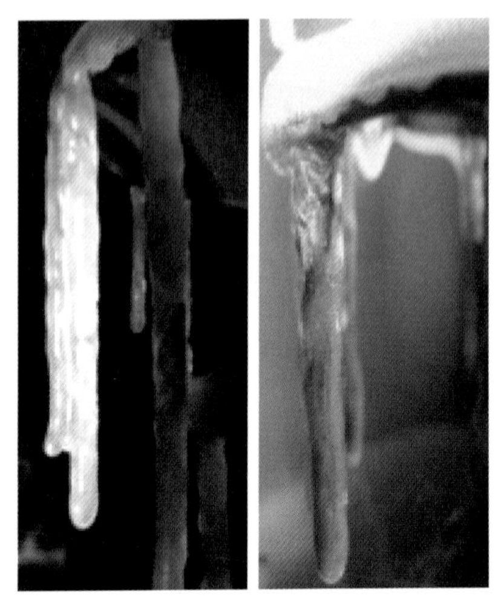
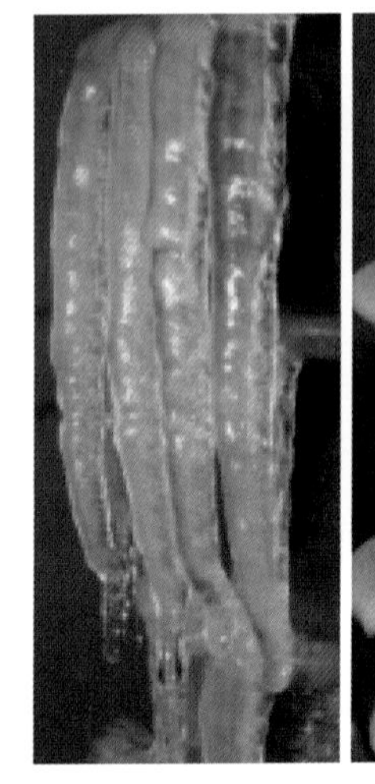
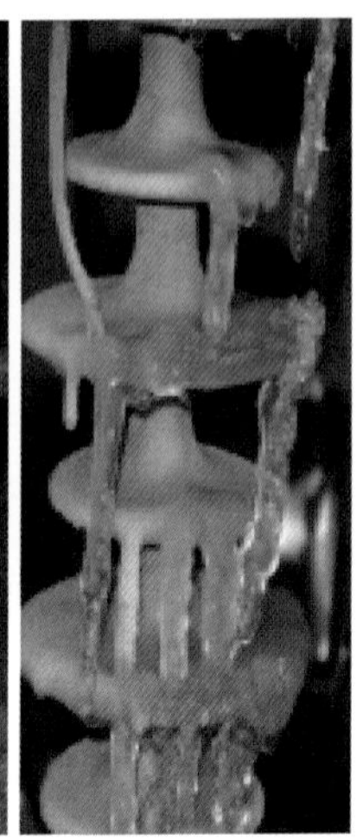

（a）不带电覆冰，γ_{20}：360 μS/cm　　（b）外加20 kV电压覆冰，γ_{20}：360 μS/cm

图5.1　复合绝缘子冰凌形态

（4）带电覆冰时，冰凌在生长过程中向复合绝缘子芯棒弯曲。冰凌在生长过程中向复合绝缘子芯棒弯曲，弯曲的冰凌会导致各个伞裙上冰凌尖端电场加剧，部分冰凌尖端电场强度大于空气击穿场强，存在稳定燃烧的电弧，使得冰凌不易被桥接。特别是高压端附近芯棒表面、高压端伞裙冰凌尖端与高压端之间场强很大，会产生局部电弧，电弧的出现使冰凌难以桥接绝缘子伞裙。带电覆冰时绝缘子串各部位的覆冰状况差别也很明显，高压端的绝缘子表面冰呈茸毛状情况最显著，部分冰柱因电弧灼烧出现中空，这是电场强度差异造成的。

2. 带电覆冰对绝缘子覆冰密度的影响

根据试验结果，绝缘子带电时覆冰的密度比不带电时低，从外观上讲，带电覆冰绝缘子上冰层疏松，且密度的差异与覆冰水电导率有关，即覆冰水电导率越小，差异越明显，在覆冰水电导率较高时，覆冰过程中泄漏电流较大，其焦耳热可熔化冰层，使其密度增加，从而更接近不带电时的覆冰密度。

电场对绝缘子覆冰的影响主要表现在对水滴的极化作用、覆冰质量与密度减小。覆冰达到一定程度时，绝缘子表面放电现象明显，电晕电流、泄漏电流以及局部电弧的热效应的燃烧会减缓覆冰速度，雨凇质量减小。电场造成水滴极化的同时，也会造成绝缘子伞裙表面周围空气中由于电离形成正离子和电子，正离子移动速度比电子移动速度慢得多，容易被水分子捕获。在负极性电场作用下，这些捕获了正离子的水分子向绝缘子表面定向移动，在一定程度上增加覆冰的积累。

根据试验测得雨凇密度如表5.1所示，表中绝缘子伞裙序号为从低压端数起的每个大伞，覆冰时覆冰水电导率为360 μS/cm。

由表5.1可知，不带电覆冰时，不与空气直接接触的冰凌内部则仍然为水，水在重力的作用下会积聚在冰凌的下部，使得冰凌上部的气泡多于下部，造成冰凌上部的密度较下部要小。就整串绝缘子而言，也是下面的冰凌密度比上面的大。

表5.1　复合绝缘子雨凇冰密比较

冰凌位置	带电情况	1#伞冰凌	2#伞冰凌	3#伞冰凌	4#伞冰凌	5#伞冰凌	平均值
覆冰密度/(g/cm^3)	不带电	0.845	0.868	0.912	0.908	0.915	0.890
	20kV	0.884	0.875	0.856	0.861	0.872	0.869

表5.2所示为复合绝缘子带电覆冰和不带电覆冰时平均覆冰密度随覆冰水电导率变化表，两种覆冰条件下的覆冰密度对比关系如图5.2所示。由表5.2及图5.2可知，当覆冰水电导率较小时，两者之间差异明显；随着覆冰水电导率的增加，覆冰过程中泄漏电流较大，两种覆冰条件下的覆冰密度更为接近。当覆冰水电导率为80 μS/cm时，不带电时的覆冰密度为0.896 g/cm^3，带电时的覆冰密度为0.834 g/cm^3，带电下绝缘子覆冰密度比不带电下的覆冰密度低7.4%；覆冰水电导率为630 μS/cm，不带电时的覆冰密度为0.892 g/cm^3，带电时的覆冰密度为0.883 g/cm^3，带电时绝缘子覆冰密度比不带电时的覆冰密度低1%。不带电时，不同覆冰水电导率下绝缘子覆冰密度基本相同。

表5.2　带电覆冰和不带电覆冰时平均覆冰密度随覆冰水电导率变化表

带电情况	γ_{20}/(μS/cm)	80	360	630	1 000
不带电	覆冰密度/(g/cm^3)	0.896	0.890	0.892	0.884
20 kV		0.834	0.869	0.883	0.881

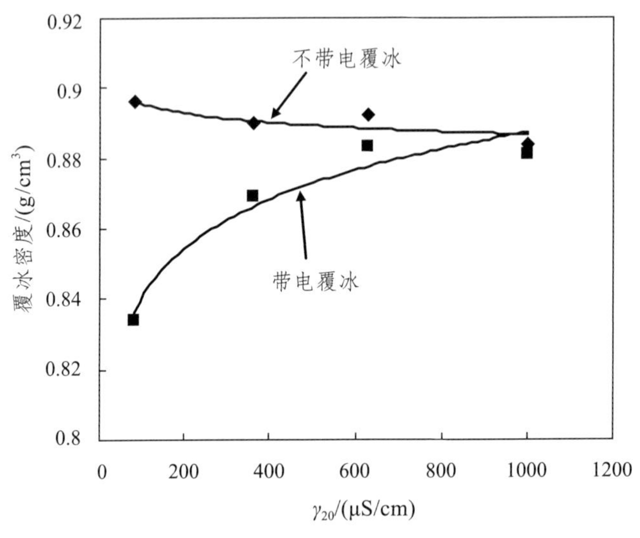

图5.2 覆冰密度随覆冰水电导率变化图

3. 带电覆冰对复合绝缘子覆冰闪络特性影响分析

电场对绝缘子表面覆冰状况和覆冰密度都有影响，进而影响覆冰绝缘子的闪络特性。本节研究了带电和不带电覆冰两种情况下绝缘子融冰期的闪络电压。影响闪络电压的主要因素是覆冰水电导率和覆冰状况，而绝缘子表面覆冰密度对闪络电压的影响并不显著。带电覆冰时，高压伞裙上承担了大部分的外加电压，绝缘子表面由于电场力和局部电弧等原因，导致高压伞裙间不容易被冰凌桥接，增大了闪络电弧爬电距离，闪络电压较不带电时要高。

表5.3所示为带电和不带电覆冰情况下复合绝缘子最低闪络电压值，图5.3所示为其随覆冰水电导率变化关系图。由表5.3和图5.3可知，带电覆冰时其最低闪络电压随覆冰水电导率的变化仍服从幂指数关系，带电覆冰的绝缘子比不带电覆冰情况下要高15%左右，且不同覆冰水电导率下的差异不大。因此，在人工气候室对绝缘子进行覆冰试验时，根据试验条件，采用不带电覆冰代替带电覆冰研究是可行的。但在试验条件允许时，为了更好地模拟绝缘子现场覆冰条件，建议采用带电覆冰。

表5.3 FXBW-35/70带电和不带电覆冰时试验结果

覆冰水电导率	γ_{20}/（μS/cm）	80	360	630	1000
不带电覆冰	$U_{f.min}$/kV	58.5	41.2	32.7	28.3
带电覆冰		68.7	47.1	36.3	33.4
注：FXBW-35/70覆冰质量为约0.7 kg/支，除带电覆冰高压两伞裙间外覆冰状态为全桥					

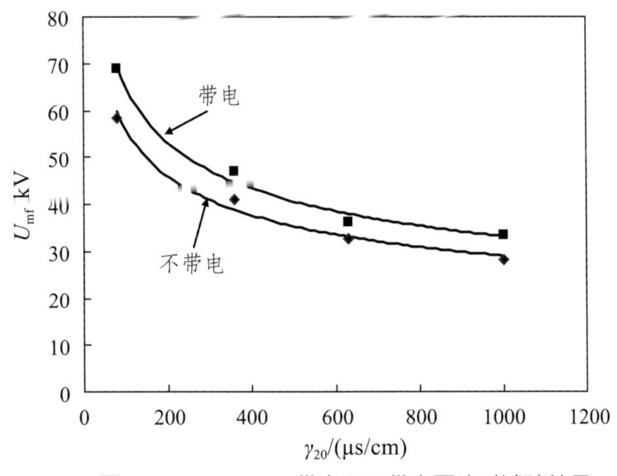

图5.3 FXBW-35/70带电和不带电覆冰时试验结果

本节根据低温低气压气候室的试验结果，分析了直流带电覆冰对瓷绝缘子覆冰质量的影响，比较了直流带电覆冰与不带电覆冰重量的差异，研究了直流电场对瓷绝缘子覆冰过程的影响机理，分析了直流带电覆冰与不带电覆冰情况下，瓷绝缘子直流闪络电压之间的关系。

5.2 盘形悬式绝缘子覆冰方法及其影响因素

5.2.1 带电覆冰对绝缘子覆冰质量的影响

1. 试验结果

试验对3片串的XP-160绝缘子同时进行不带电覆冰和带电覆冰。带电覆冰时施加负极性直流电压，电压值分别为10 kV、20 kV、30 kV、40 kV，分别在覆冰水电导率为360 μS/cm、630 μS/cm、1 000 μS/cm的条件下进行4组试验。每组试验悬挂2串绝缘子：一串不带电，一串带电，覆冰状态为雨凇型覆冰，覆冰密度为0.81 ~ 0.92 g/cm^3。试验结果如表5.4所示。

表5.4　3片串XP-160绝缘子在不同电导率下的覆冰质量

γ_{20}/(μS/cm)	雨凇冰重/（kg/串）							
	第1组		第2组		第3组		第4组	
	不带电	10 kV	不带电	20 kV	不带电	30 kV	不带电	40 kV
360	2.14	2.30	2.09	2.48	2.21	2.34	2.17	2.21
630	2.06	2.13	2.11	2.29	2.18	2.20	2.08	2.14
1 000	2.25	2.29	2.16	2.48	2.24	2.29	2.20	2.19

为了比较覆冰质量随带电覆冰电压变化的规律，以第1组试验中3种电导率下的不带电覆冰的绝缘子冰重为基准进行折算，得到数据如表5.5所示。

表5.5　折算后的3片串XP-160绝缘子在不同电导率下的覆冰质量

γ_{20}/(μS/cm)	雨凇冰重/（kg/串）				
	不带电	10 kV	20 kV	30 kV	40 kV
360	2.14	2.30	2.42	2.41	2.23
630	2.06	2.13	2.34	2.33	2.16
1 000	2.25	2.29	2.38	2.28	2.15

2. 试验结果分析

覆冰质量与带电直流电压的关系如图5.4 ~ 图5.7所示。

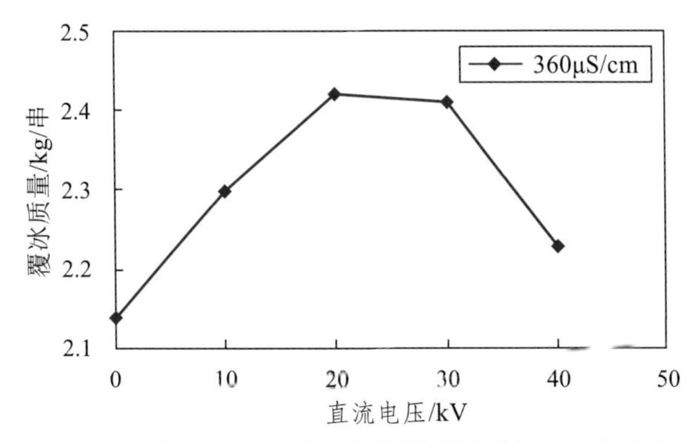

图5.4　γ_{20}为360 μS/cm时覆冰质量与带电直流电压的关系

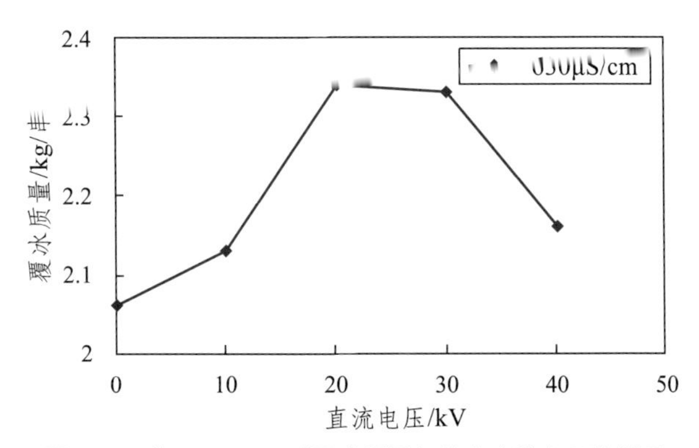

图5.5　γ_{20}为630 μS/cm时覆冰质量与带电直流电压的关系

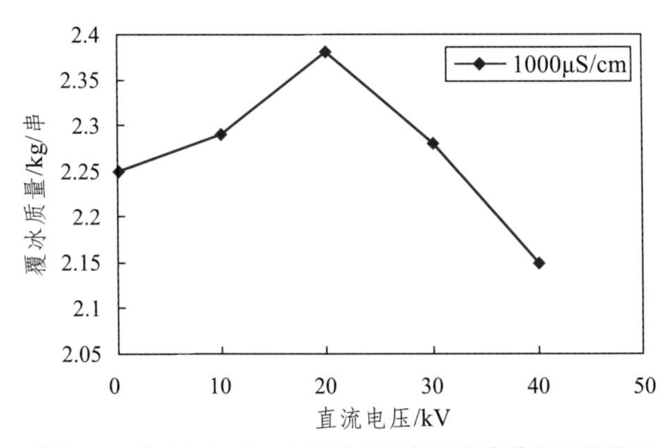

图5.6　γ_{20}为1 000 μS/cm时覆冰质量与带电直流电压的关系

由图5.4～图5.6可见：

（1） 在3种不同的电导率下，当外加负极性直流电压由0 kV增加到20 kV时，XP-160绝缘子串的雨凇覆冰质量随外加电压的升高而增加，这是由于所施电压小于

20 kV时，带电覆冰过程中的泄漏电流较小，覆冰过程中绝缘子上的冰凌几乎没有电弧现象，直流电场对覆冰过程的影响主要为吸附作用，故而造成覆冰质量随外加电压的升高而增加；当外加电压由20 kV增加到40 kV时，绝缘子串的雨凇覆冰质量随外加电压的升高而减轻，这是由于所施电压大于20 kV时，带电覆冰过程中的泄漏电流明显增大，覆冰过程中绝缘子上的冰凌与绝缘子表面之间有明显的电弧燃烧现象，这种放电现象不利于绝缘子的覆冰。

（2）在同一种电导率下，施加负极性直流电压为10 ~ 20 kV时，绝缘子串的带电覆冰质量比不带电覆冰质量大；随着电导率的增大，覆冰质量随施加直流电压变化规律的分散性逐步变大，这是由于当电导率逐渐增大时，带电覆冰过程中的电弧燃烧现象逐渐剧烈，导致绝缘子覆冰状况的随机性变大。

5.2.2 直流电场对绝缘子覆冰过程的影响机理

1. 直流电场力对覆冰的影响

空气中过冷却水滴受到气流的拖拽力和重力的影响，由于空气的黏滞性，绝缘子对气流有阻滞作用。不考虑电场的作用，覆冰过程中运动水滴总受力可以表示为[10，57]：

$$F_Z = m\bar{a}_V = \frac{4}{3}\pi a^3(\rho_d - \rho_a)\bar{g} + \frac{1}{2}\rho_a S_a c_F\left|\bar{u} - \bar{v}\right|(\bar{u} - \bar{v}) \tag{5.1}$$

式中，F_Z为运动水滴的总受力，N；m为水滴质量，kg；c_F为半径为a的过冷却水滴在空气中做相对运动时，遇绝缘子阻滞时的空气阻尼系数；ρ_a、ρ_d分别为空气和水滴密度，kg/m$_3$；$\bar{g}$、$\bar{a}_V$分别为重力加速度和水滴加速度，m/s^2；$\bar{u}$、$\bar{v}$分别为气流和水滴速度矢量，m/s；$S_a=\pi a^2$为球形水滴在垂直于风向的平面上的投影面积，m^2。

电场中的水滴还会产生极化作用，成为电荷偶极子。电荷偶极子在电场中会受电场力的作用，极化所产生的电荷偶极子对电荷中心会产生位移。水滴将会受到电吸力和电斥力的影响。设极化电场中水滴受到的电吸力为，电斥力为，水滴中心离绝缘子表面的距离为d，则有[10,38,57]：

$$\vec{F}_1 = q_0\vec{E}(d - \vec{s}/2) \tag{5.2}$$

$$\vec{F}_2 = q_0\vec{E}(d+\vec{s}/2) \quad (5.3)$$

$$\vec{F} = \vec{F}_1 - \vec{F}_2 \quad (5.4)$$

式中，$\vec{s}$为水滴极化电荷偶极子的电荷中心位移（设$\vec{s}$方向与电场方向一致），随电场强度而变化。极化水滴在电场中所受的总电吸力和电场强度与水滴离覆冰表面的距离d有关，电场越强，d越小，电吸力就越大。

由式（5.1）~式（5.4）可知，电场中水滴运动轨迹与水滴半径有关。在相同的电量和电场强度下，空气中过冷却水滴越小，受气流的影响越大，而重力的影响就越小。且当电场逐渐增加时，水滴所受电吸力逐渐增强。对于相同半径的过冷却水滴，在电场强度越大的地方，受电场的作用力就越强。

由5.1节试验结果可知，当外加负极性直流电压由0 kV增加到20 kV时，绝缘子覆冰质量随电场强度的增大而增加。因而对于雨凇覆冰，电场的吸引作用大于排斥作用，电吸力大于电斥力是造成这种现象的主要机理原因。

2. 带电覆冰绝缘子冰表面的直流放电特性对覆冰的影响

当带电负极性直流电压大于20 kV时，随着覆冰的增长，绝缘子表面会产生相关的放电现象，这些现象会对覆冰的形成产生影响。在湿增长或雨凇覆冰过程中，冰凌长度的增加降低了绝缘子串的爬电距离，加之覆冰表面高电导率水膜的存在，使得绝缘子串表面电场畸变，冰凌尖端和冰面之间产生很强的放电现象，这对空气中过冷却水滴的运动及覆冰的形成有重要的影响。与放电有关的几种影响机理如下：

（1）焦耳热效应的影响。

绝缘子表面局部电场的增加会导致电晕放电和局部电弧，加上泄漏电流的焦耳热效应熔化冰层，升高了冰面温度，减缓了过冷却水滴在冰面的冻结，在一定程度上阻止了冰凌桥接绝缘子，改变了覆冰的分布，使覆冰绝缘子表面有更多的空气间隙，降低了覆冰质量。5.2.1节试验结果表明：在负极性直流电压大于20 kV后，焦耳热效应是造成覆冰质量随施加电压增大而降低的机理原因之一。

（2）离子风的影响。

离子风是电晕放电过程中的特有现象，一般也称为电晕风，指的是放电过程中电子雪崩引起的高速离子射流流动，这种离子射流对周围流体流动产生强烈的扰动，形成附加的流体运动，即所谓的电诱导二次流，它将导致对流传热效果的加强。以往的研究结果表明，离子风会极大地增加物体表面局部换热系数。对于绝缘子湿增长或雨凇覆冰过程，放电所产生的离子受到电场的加速，其动量在与气体分子碰撞中转移，将这些分子从冰尖上扩散到环境中，这将增大热传递，缩短了水滴的冷却时间，有利于覆冰的增长。但5.2.1节试验结果表明：在负极性直流电压大于20 kV时，离子风对绝缘子覆冰质量的影响小于焦耳热效应的影响。

（3）电子和离子轰击的影响。

高电场下正在增长的冰凌尖端和冰树将发生高能粒子轰击现象，包括负电场下正离子的轰击和正电场电子的轰击。设电子和离子轰击的总能量与碰撞在覆冰表面的单极性电荷粒子的估计比值为Je^{-1}，粒子质量为m，则动量及电场E的关系为：

$$W_{\mathrm{b}}=\frac{J}{e}m\mu^{2}E^{2} \tag{5.5}$$

式中，W_{b}为电子和离子轰击总动能，J；J为电晕电流，A；e为1.6×10^{-19}C；m为离子质量，kg；μ为离子动量，$\mathrm{m^2/vs}$；E为电场强度，kV/m。由式（5.5）可知，覆冰绝缘子表面粒子和电子碰撞会引起冰凌的体积损失，还会使得冰面温度升高，导致冰层融化，这两种作用都减少了覆冰质量。5.1节试验结果表明：在负极性直流电压大于20 kV时，电晕活动强烈，轰击现象是导致绝缘子覆冰质量随施加电压增大而减小的机理原因之一。

5.2.3 带电覆冰绝缘子在不同电导率下的直流闪络特性

1. 试验结果

采用“U”形曲线法分别对带不同直流电压覆冰的XP-160绝缘子串进行闪络试验，施加直流电压为负极性，得到绝缘子的最低冰闪电压与覆冰水电导率的关系如表5.6和图5.7所示。

表5.6　3片串XP-160绝缘子在不同电导率下的最低闪络电压

γ_{20}/（μS/cm）	最低闪络电压（U_{fmin}）/kV				
	不带电	10kV	20kV	30kV	40kV
360	51.1	50.8	55.6	57.4	60.1
630	45.1	44.3	50.4	54	56.2
1 000	37.6	36.1	42.0	47.1	48.8

2. 试验结果分析

对表5.6所得的试验结果进行拟合，得到带电覆冰绝缘子最低闪络电压与覆冰水电导率的关系如图5.7和表5.7所示。

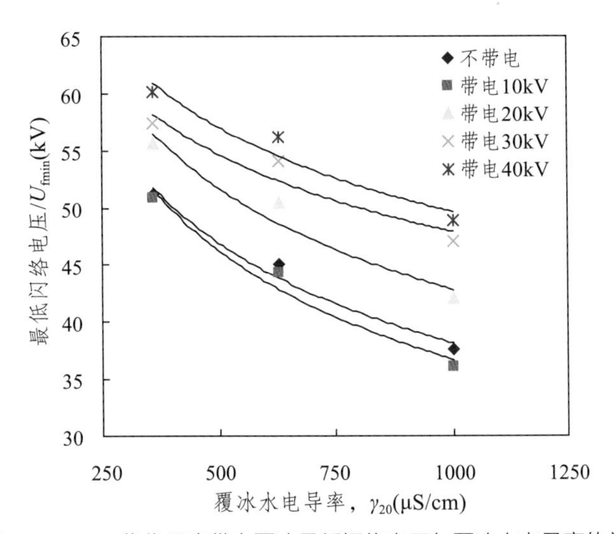

图5.7　XP-160绝缘子串带电覆冰最低闪络电压与覆冰水电导率的关系

表5.7　不同带电直流电压下的B、b和R^2值

带电直流电压	B	b	R^2
不带电	298.4	0.297 6	0.974
10 kV	362.39	0.331 2	0.971 7

续 表

带电直流电压	B	b	R^2
20 kV	278.86	0.271 1	0.949 6
30 kV	178.82	0.190 6	0.927 6
40 kV	198.92	0.200 9	0.935 1

由表5.7和图5.7可见：

（1）带电覆冰绝缘子的最低直流闪络电压与覆冰水电导率（γ_{20}）呈幂函数关系，即：

$$U_{\mathrm{f\,min}} = B\gamma_{20}^{-b} \tag{5.6}$$

式中，γ_{20}为覆冰水电导率，μS/cm；B为与覆冰状态、绝缘子结构等有关的常数；b为γ_{20}对绝缘子冰闪电压影响的特征指数。

（2）由表5.7可知，带电覆冰时施加的负极性直流电压对拟合曲线的特征指数b值有影响。随着带电直流电压的升高，b值有逐步减小的趋势，在施加的电压大于20 kV后，b值明显减小；当施加电压大于30 kV后，b值有饱和的趋势。

5.2.4 带电覆冰与不带电覆冰方式下的冰闪电压的对应关系

由表5.6可得到3片串XP-160绝缘子串带电覆冰与不带电覆冰方式下最低冰闪电压的对应关系，如表5.8所示。

表5.8 带电覆冰与不带电覆冰方式下最低冰闪电压的对应关系

γ_{20}/（μS/cm）	带电10 kV	带电20 kV	带电30 kV	带电40 kV
360	99.4%	109%	112%	118%
630	98.2%	112%	120%	125%
1 000	96%	112%	125%	130%

由于试验条件的限制，目前国内外的研究大多是在不带电覆冰情况下进行的，没有考虑到电场对绝缘子覆冰及其电气性能的影响。由于带电覆冰时电场的影响，

冰的密度和分布发生变化，因此造成绝缘子冰闪电压有差异。本节通过对3片串XP-160绝缘子串带电覆冰与不带电覆冰试验得出了最低冰闪电压的部分对应关系。其对应关系表明：带电施加电压为20～40 kV时，绝缘子的最低冰闪电压均显著高于不带电覆冰时的最低冰闪电压，仅在带电施加电压为10 kV时，带电覆冰时的最低冰闪电压略低于不带电覆冰时的最低冰闪电压。而前面章节的试验结果分析已表明，绝缘子仅在带低电压覆冰时，其最低冰闪电压才会略低于不带电覆冰时的最低冰闪电压，此种情况下所带的低电压是远远低于其可能的实际运行电压，因此，本节建议覆冰试验可采用不带电覆冰方式代替带电覆冰方式。

5.3　本章小结

1. 复合绝缘子方面

选用FXBW-35/70绝缘子，对带电和不带电时绝缘子的覆冰过程及两种覆冰条件下的差异性进行了对比研究，得出以下结论：

（1）影响绝缘子覆冰的因素主要有环境温度、风速、水滴直径大小和空气中液态水含量。此外带电覆冰还受电场力、粗糙度、泄漏电流及表面局部放电、水分子极化作用等因素影响。电吸力的作用使得覆冰量与覆冰密度增加；极化效应、粗糙度、泄漏电流以及绝缘子表面的各类放电现象使得覆冰量与覆冰密度减小。

（2）带电覆冰会对复合绝缘子覆冰状况、覆冰密度、冰凌的数量和位置等产生影响。带电时冰凌在生长过程中向复合绝缘子芯棒弯曲。由于高压伞裙间承担了大部分的电压，使得高压端不容易被冰凌完全桥接，这造成了覆冰绝缘子表面电场的进一步畸变。电弧的燃烧容易损伤绝缘子，降低绝缘子的使用寿命。

（3）绝缘子带电时覆冰的密度比不带电时低，且密度的差异与覆冰水电导率有关，即覆冰水电导率越小，差异越明显。在覆冰水电导率较高时，覆冰过程中泄漏电流较大，其焦耳热可熔化冰层，使其密度增加，从而更接近不带电时的覆冰密度。

（4）高压伞裙间不容易被冰凌桥接，增大了闪络电弧爬电距离，闪络电压较不带电时要高。带电覆冰时，其最低闪络电压随覆冰水电导率的变化仍服从幂指数关系，带电覆冰的绝缘子比不带电覆冰情况下要高15%左右，且不同覆冰水电导率下的差异不大。

2. 盘形悬式绝缘子方面

通过对XP-160瓷绝缘子带电覆冰与不带电覆冰试验的结果，得出以下结论：

（1）在不同电导率下，带电施加电压由0 kV增加到20 kV时，XP-160绝缘子串覆冰质量随带电电压的升高而增加；施加电压由20 kV增加到40 kV时，覆冰质量随外加电压的升高而减轻；在同一种电导率下，施加电压为10 ~ 20 kV时，带电覆冰质量比不带电覆冰质量大；随着电导率的增大，覆冰质量随施加电压变化规律的分散性逐步变大。

（2）XP-160绝缘子串带电覆冰的最低直流闪络电压与覆冰水电导率（γ_{20}）呈幂函数关系；带电覆冰时施加的负极性直流电压对拟合曲线的特征指数b值有影响，随着所施电压的升高，b值有逐步减小的趋势；在施加电压大于20 kV后，b值明显减小；当施加电压大于30 kV后，b值有饱和的趋势；

（3）施加负极性直流电压由0 kV增加到20 kV时，电场的吸引作用大于极化作用，电吸力大于电斥力是造成绝缘子雨凇重量随电场强度增大而增加的主要机理原因；在负极性直流电压大于20 kV后，焦耳热效应是造成覆冰重量随施加电压增大而降低的机理原因之一。

（4）负极性直流电压大于20 kV时，离子风对绝缘子覆冰质量的影响小于焦耳热效应的影响；而电子和离子的轰击现象是导致绝缘子覆冰质量随施加电压增大而减小的机理原因之一。

（5）带电覆冰仅造成绝缘子覆冰质量和覆冰分布的不同，而对冰闪特性没有影响，覆冰试验可采用不带电覆冰方式代替带电覆冰方式。

第6章

试验方法对绝缘子直流覆冰闪络特性的影响

6.1 试验方法对复合绝缘子直流覆冰闪络特性的影响

本章通过人工覆冰试验研究了复合绝缘子在最大耐受法、均匀升压法、恒压升降法、“U”形曲线法下的直流覆冰闪络特性，并分析了几种电气特性试验方法对复合绝缘子人工覆冰闪络特性的影响、内在联系和所得闪络电压之间的关系。

6.1.1 覆冰绝缘子电气试验方法程序

覆冰绝缘子的电气特性试验方法可以分为覆冰期试验和融冰期试验[4,19]。

1. 加压试验前的准备

覆冰结束，在温度尚在零度以下期间，根据“融冰期”或“融冰期”试验所做的准备工作不同。对于带电覆冰，在覆冰过程中，或者融冰过程中对试品施加的电压值，为该试品预计50%覆冰闪络电压值的75%。

（1）覆冰过程中闪络。覆冰期试验模拟覆冰过程中绝缘子的电压耐受特性或闪络特性，要求不改变原来覆冰的各种条件包括温度和冻雨，其原则是使绝缘子试验尽可能接近现场的冻雨条件，对应在覆冰刚完成（此时，冰层表面仍有水膜），立即开始闪络试验。这个过程中准备工作很短，通常为2~3 min，这段时间用于拍照、测量冰厚等。

（2）融冰过程中闪络。“融冰过程中闪络”是使得试验条件尽可能接近现场条件（如日照、暖峰气流等），环境温度升高将冰层融化。在这种情况下，融冰开始之前要进行冰层硬化。

① 冰的硬化。在硬化阶段，不施加电压，风速保持不变，制冷室的温度仍然保持和覆冰阶段一样，这个阶段要15 min以上，以确保冰完全硬化，以及绝缘子和冰层的温度一致。

② 在冰硬化阶段结束后立即开始融冰过程，人工气候室的温度从零下逐渐上升，直至融化温度，起初温度迅速上升至-2℃，然后温升控制在2～3℃/h。在整个融冰过程中，应该测量温度和相对湿度。

本阶段最重要的一步就是确定“临界时刻”，即对应绝缘子串闪络概率最高的时刻，这是应该施加电压的时刻。这个时刻的几个主要特征是：冰表面存在水膜，冰表面有光泽，冰柱上有水滴流下，使泄漏电流增大到15 mA以上。这个时刻，应迅速施加电压，进行闪络试验。

2. 覆冰绝缘子的加压试验

分别采用均匀升压法、最大耐受法、50%耐受法和“U”形曲线法对覆冰绝缘子串进行加压试验，并同时进行试验电压、泄漏电流的测量，必要时使用高速摄像机对电弧发展过程进行拍摄。

6.1.2 试验方法对覆冰闪络电压的影响

本节分别采用几种试验方法对两种试品进行了直流覆冰闪络试验，试验结果如表6.1和表6.2所示。试验中均使用覆冰水电导率法模拟染污，覆冰水电导率分别为80、200、360、630、1 000 μS/cm，试品A的覆冰质量约为3.5 kg/支，试品B的覆冰质量约为2.5 kg/支，冰凌已将伞裙桥接，属严重覆冰状态。

表6.1 试品A的闪络电压试验结果

试品	覆冰水电导率/(μS/cm)		均匀升压法 U_{ave}/kV	恒压升降法 $U_{50\%}$/kV	“U”形曲线法U_{fmin}/kV
A型	80	U_f	187.3	176.9	164.6
		σ%	4.9	5.1	/
	200	U_f	157.0	148.2	138.8

续　表

试品	覆冰水电导率/(μS/cm)		均匀升压法 U_{ave}/kV	恒压升降法 $U_{50\%}$/kV	“U”形曲线法 U_{fmin}/kV
A型	200	σ%	5.9	3.7	/
	360	U_f	130.7	123.2	112.6
		σ%	5.4	3.4	/
	630	U_f	113.0	107.4	97.7
		σ%	4.3	5.0	/
	1 000	U_f	98.0	93.1	85.4
		σ%	2.1	2.5	/

表6.2　试品B的闪络电压试验结果

试品	覆冰水电导率/(μS/cm)		均匀升压法 U_{ave}/kV	恒压升降法 $U_{50\%}$/kV	“U”形曲线法 U_{fmin}/kV	最大耐受法 U_{ws}/kV
B型	80	U_f	172.3	163.7	150.2	143.3
		σ%	3.3	4.9	/	4.7
	200	U_f	146.2	138.9	127.4	120.3
		σ%	4.5	4.3	/	5.1
	360	U_f	121.8	115.7	104.3	101.8
		σ%	5.7	2.9	/	4.8
	630	U_f	104.9	98.7	90.7	87.2
		σ%	4.2	3.6	/	3.5
	1 000	U_f	87.9	82.5	76.1	71.8
		σ%	3.8	4.2	/	4.0

σ为试验数据标准偏差。从上表中可知：数据的相对标准偏差均在6%以下，这是因为使用覆冰水电导率法时数据分散性小。U_{ave}为覆冰绝缘子串平均闪络电压，

$U_{50\%}$为50%耐受电压，U_{fmin}为最小闪络电压，U_{ws}为最大耐受电压。

绝缘子冰闪电压与换算至20℃时覆冰水电导率（γ_{20}）的关系可表示为：

$$U = B\gamma_{20}^{-b} \tag{6.1}$$

式中，B为与覆冰状态、绝缘子结构等有关的常数；b为γ_{20}对绝缘子冰闪电压影响的特征指数。

分别将表6.1 ~ 6.2试验结果按式（6.1）拟合，得到几种试验方法下的复合绝缘子的冰闪电压和γ_{20}的关系如图6.1所示，系数和指数B、b值如表6.3所示。

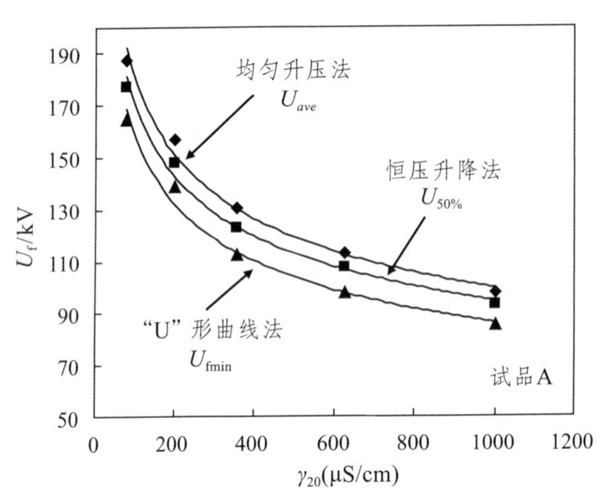

图6.1　不同试验方法下试品的闪络电压试验结果

表6.3　不同加压方法下各试品的B、b值

试品	加压方法	B	b	R^2
A型	均匀升压法	597.58	0.259	0.951
	恒压升降法	556.5	0.256	0.991
	"U" 形曲线法	593.3	0.284	0.980
B型	均匀升压法	573.1	0.266	0.982
	恒压升降法	558.5	0.271	0.980
	"U" 形曲线法	507.1	0.270	0.917
	最大耐受法	484.93	0.261	0.934

从表6.1～表6.3及图6.1可以看出：

（1）在复合绝缘子直流覆冰试验中，不同试验方法得到的绝缘子冰闪电压值有明显的差异，其中均匀升压法得到的闪络电压最高，恒压升降法其次，“U”形曲线法得到的最低闪络电压次之，最大耐受法最低，其中绝缘子串最低闪络电压与最大耐受电压较为接近。与均匀升压法得到的平均闪络电压相比，50%耐受电压为平均闪络电压的93.8%～95.9%。最低闪络电压相当于50%耐受电压的89.5%～93.6%，最大耐受电压相当于50%耐受电压的86.6%～88.3%。由此可知，试验方法对绝缘子冰闪电压有显著影响，在进行覆冰试验时必须考虑不同试验方法对试验结果的影响。

（2）从表6.3可知，不同试验方法下，覆冰水电导率对绝缘子冰闪电压指数b的影响变化很小，绝缘子冰闪电压与覆冰水电导率之间均满足幂指数规律，b值可认为与试验方法无关。

6.1.3　几种试验方法试验结果之间等价性关系分析

IEC标准推荐覆冰绝缘子电气特性试验使用50%耐受电压法和最大耐受法[7,19]。但根据试验条件和目的，并不仅仅只可以采用这两种方法，而是可以根据现场实验条件进行合理的选择。从前面的分析我们可以看出：不同试验方法得到的覆冰绝缘子的闪络电压值有明显的差异，其中均匀升压法得到的闪络电压最高，恒压升降法其次，“U”形曲线法次之，最大耐受法最低。表6.4列出了各种试验方法得到的试验结果以及这些结果之间的关系。从表中可以看出，各种试验方法得到的电压值之间存在一定的关系。在清楚几种试验方法所得到的电压值之间的等价关系后，就可以对几种试验方法下的电压值进行相应的转换，从而节省试验费用。本节就研究了各种试验方法所得电压值的等价性关系。

通过平均闪络电压法对相同覆冰状态的多串绝缘子进行试验可以得到覆冰期绝缘子的50%闪络电压，即在相同覆冰条件下得到至少10个有效的U_{ave}，通过至少10次试验得到的U_{ave}可得50%闪络电压和标准偏差如下：

$$U'_{50\%}=\frac{\sum_{j=1}^{N}U_{ave}(j)}{N} \tag{6.2}$$

$$\sigma = \sqrt{\frac{\sum_{j=1}^{N}[U_{ave}(j) - U'_{50\%}]^2}{N-1}} \tag{6.3}$$

式中，U_{ave}（j）为对第j串覆冰绝缘子试验得到的平均闪络电压，kV；N为试验的绝缘子串数，$N \geqslant 10$；σ为试验结果的标准偏差。

通过最低闪络电压法或“U”形曲线法可以得到融冰期绝缘子的50%闪络电压，即在相同覆冰条件下得到至少10个串绝缘子的有效U_{fmin}，通过至少10次试验得到的U_{fmin}可得50%闪络电压和标准偏差如下：

$$U'_{50\%} = \frac{\sum_{j=1}^{N} U_{f\min}(j)}{M} \tag{6.4}$$

$$\sigma = \sqrt{\frac{\sum_{j=1}^{M}[U_{f\min}(j) - U'_{50\%}]^2}{M-1}} \tag{6.5}$$

式中，U_{fmin}（j）为由第j串试验得到的最低闪络电压，kV；M为有效试验的总次数，$M \geqslant 10$；σ为试验结果的标准偏差。

表6.4　各种试验方法所得试验结果之间的关系表

试品	覆冰水电导率 /(μS/cm)		U_{ave}	$U_{50\%}$	U_{fmin}	U_{ws}	$U_{ave}/U_{50\%}$	$U_{fmin}/U_{50\%}$	$U_{ws}/U_{50\%}$
			kV	kV	kV	kV	—	kV	—
A	80	U_f	187.3	176.9	164.6	—	1.058	0.930	—
	200	U_f	157.0	148.2	138.8	—	1.059	0.936	—
	360	U_f	130.7	123.2	112.6	—	1.060	0.913	—
	630	U_f	113.0	107.4	97.7	—	1.052	0.909	—
	1 000	U_f	98.0	93.1	85.4	—	1.052	0.917	—
B	80	U_f	172.3	163.7	150.2	143.3	1.052	0.917	0.875

续　表

试品	覆冰水电导率/(μS/cm)		U_{ave}	$U_{50\%}$	U_{fmin}	U_{ws}	$U_{ave}/U_{50\%}$	$U_{fmin}/U_{50\%}$	$U_{ws}/U_{50\%}$
			kV	kV	kV	kV	—	kV	—
B	200	U_f	146.2	138.9	127.4	120.3	1.055	0.911	0.866
	360	U_f	121.8	115.7	104.3	101.8	1.053	0.901	0.879
	630	U_f	104.9	98.7	90.7	87.2	1.062	0.918	0.883
	1 000	U_f	87.9	82.5	76.1	71.8	1.065	0.922	0.870

覆冰绝缘子的闪络电压分布规律服从正态分布，即闪络电压$U_f \sim N(\mu,\sigma^2)$，μ为$U_{50\%}$，σ为标准偏差，从而可得到对于放电概率为$\alpha\%$的电压$U_{\alpha\%}$为：

$$U_{\alpha\%} = U_{50\%}(1+K_{\alpha\%}\sigma\%) \tag{6.6}$$

式中，$K_{\alpha\%}$为标准正态分布中概率为$\alpha\%$时所对应的随机变量，因为$\alpha\%<50\%$，$U_{\alpha\%}<U_{50\%}$，故$K_{\alpha\%}$取负值。IEC/IC28推荐的统一平均标准偏差为10%，查标准正态分布得$K_{10\%}$=−1.282，则有

$$\begin{aligned} U_{10\%} &= U_{50\%}(1+K_{10\%}\sigma\%) = U_{50\%}(1-1.282\sigma\%) \\ &= 0.872U_{50\%} \end{aligned} \tag{6.7}$$

由表6.4及式（6.7）可知：

（1）由式（6.6）可以看出，采用最大耐受法得到的绝缘子串最大耐受电压约为采用恒压升降法得到的50%耐受电压值的87%。

（2）采用最大耐受法得到的最大耐受电压U_{mw}等于采用恒压升降法得到的闪络概率为10%的闪络电压。

（3）由式（6.7）可知，基于恒压升降法得到的50%耐受电压值，可求出最大耐受法对应的最大耐受电压值U_{ws}。

因此，几种试验方法所得到的复合绝缘子覆冰闪络电压值之间存在一定的等价性。进行绝缘子人工覆冰试验时可根据具体情况选用合适的试验方法。最大耐受法和50%耐受电压法试验周期长、成本高，但比较符合绝缘子实际运行情况，因而其结

果比较具有可靠性，能满足工程实际运用。均匀升压法与实际运行情况不符，但其试验方式简单易行，能在较短时间内得到试验电压值。最低闪络电压U_{fmin}反映了覆冰绝缘子在融冰期的电气特性，最低交流闪络电压接近最大耐受电压。

覆冰试验方法分为自然覆冰试验和人工覆冰试验两种。自然覆冰试验是在覆冰地区建立试验站或者利用覆冰地区的实际运行的线路来进行。虽然自然覆冰试验客观地反映了覆冰绝缘子的真实运行情况，但这种试验方法需要的时间长，运用起来困难；此外，在自然覆冰试验中试验条件无法控制，每次的试验结果都不能重复再现，即使同一地点由于试验时间和位置的差异也会造成试验结果的差别。为了克服自然覆冰试验的局限性，人工覆冰试验长期以来被人们用来作为覆冰绝缘试验的一种重要手段。人工覆冰试验是在人工气候室内模拟自然条件下的覆冰，在短期内获得绝缘子覆冰条件下的电气特性[6,12]。本章结合前面章节所述提出了盘形悬式绝缘子直流覆冰程序、直流试验方法及试验程序。

6.2 试验方法对盘形悬式绝缘子直流覆冰闪络特性的影响

6.2.1 盘形悬式绝缘子覆冰程序

1. 盘形悬式绝缘子不带电覆冰程序

1）覆冰条件的控制

在直径为ϕ7.8 m、高H为11.6 m的人工气候室模拟自然环境覆冰的过程中，气候室的气温、风速和喷头的喷雾量应可控且能维持稳定。本节根据大量试验研究得出人工模拟雨凇型覆冰具体参数如表6.5所示。

表6.5 雨凇型覆冰参数

覆冰参数	参数值
形式	湿增长
喷水量	（60±2）L/（h·m^3）

续　表

覆冰参数	参数值
喷雾速率	10 mm/h
水滴直径	小于100 μm
风速	小于3 m/s
空气温度	−7~5℃
喷淋水下落方向角	45° ± 10°
覆冰时间	8.0 h
备注：对较大的水滴，可适当加大风速，但应保证过冷却水滴碰撞覆冰表面且温度小于0℃	

2）人工污秽模拟程序

第5章研究已表明，两种污秽模拟方法具有等价性，因此，对绝缘子的污秽模拟可采用固体涂层法和覆冰水电导率法。固体涂层法的染污程序为：

（1）根据绝缘子的表面积计算得到试验所要求的*SDD*值所对应的NaCl和硅藻土量。

（2）用天平称出所需的NaCl和硅藻土量，要求称取NaCl时误差不超过 ± 1%，称取硅藻土时误差不超过 ± 10%。

（3）试验前仔细清洗绝缘子，去除污物和油脂后用自来水冲洗，阴干待用。

（4）用NaCl模拟导电物质，用硅藻土模拟不溶性物质，将NaCl和硅藻土以1：6的比例混合，掺入电导率为30 μS/cm的纯水后搅拌均匀，均匀地刷涂于绝缘子的上下表面，染污后16 h开始覆冰试验。

（5）将染污后的绝缘子悬挂于人工气候室干冻，当室内温度降至−5℃时，先将电导率为80 μS/cm的冷却水以水雾形式均匀喷洒于绝缘子上表面，直至绝缘子上表面冻结成1 mm冰层后，再打开喷淋装置，开始覆冰。覆冰水电导率控制为80 μS/cm。

覆冰水电导率法试验程序比较简洁。覆冰前，先将绝缘子的上下表面清洗干净，绝缘子表面干燥后，根据试验要模拟的污秽度，选择相应电导率的水进行覆冰即可。

3）覆冰测量程序

覆冰过程中对覆冰的测量采用临近试品的金属棒或管，直径为20 ~ 30 mm，长约600 mm，转速为1 r/min。用游标卡尺所测出的金属棒或管表面的覆冰厚度即可表征绝缘子表面的覆冰厚度。

测量绝缘子覆冰质量可采用电子计价秤。为防止冰在称重过程中掉落造成误差，试验前称取绝缘子与脸盆总质量G_1，称取冰质量时将脸盆放于绝缘子下方，然后取下绝缘子，称取绝缘子与脸盆总质量G_2，冰质量$G=G_2-G_1$。

冰密度的测量采用“排液法”。即当绝缘子覆冰试验结束以后，将已知体积和重量的四氯化碳溶液放置在人工气候室内，冷冻15 min，保证四氯化碳溶液的温度和人工气候室内的温度相同，之后将绝缘子串上覆冰敲下一块置于盛有四氯化碳的容器中，读出体积的变化ΔV；然后利用天平测量出重量的变化Δm，利用以下公式就可以得出绝缘子覆冰的密度ρ（g/cm^3）：

$$\rho = \Delta m / \Delta V \tag{6.8}$$

2. 盘形悬式绝缘子带电覆冰程序

带电覆冰与不带电覆冰程序的差异主要在于要考虑带电覆冰时电场对覆冰形态会造成影响。根据第5章研究表明，带电施加电压越高，电场对覆冰形态的影响越显著。根据本节在直径为ϕ2.0m、长L为3.8 m的低温低气压气候室进行的带电雨凇覆冰试验得出，虽然随着带电施加电压的升高，绝缘子覆冰密度和覆冰重量有下降趋势，但其覆冰形态仍然为雨凇型覆冰。因此，人工模拟带电雨凇型覆冰的覆冰程序可参照不带电覆冰程序，但由于带电覆冰时电场的影响造成绝缘子覆冰将不如不带电覆冰时分布均匀，因此，在测量绝缘子覆冰密度、覆冰质量时应该加大对冰样的提取。

6.2.2 覆冰盘形悬式绝缘子直流试验方法及程序

1. 不同试验方法的直流冰闪电压及其分析

试验分别对7片串的XZP-210、LXZY-210绝缘子进行覆冰，覆冰状态为雨凇，绝缘子上表面覆冰厚度为5 ~ 7 mm，冰的密度为0.84 ~ 0.89 g/cm^3，覆冰质量为3.9 ~ 4.5 kg/串，绝缘子之间均被冰凌桥接，即绝缘子属于较严重覆冰状态。由于覆冰绝缘子的正极性冰闪电压高于负极性，试验时均采用负极性直流进行试验。试验采用均匀升压法、恒压升降法和“U”形曲线法3种电气试验方法分别得到绝缘子串的平均闪络电压（U_{ave}），50%耐受电压或50%闪络电压（$U_{50\%}$）和最低闪络电压（U_{fmin}），如表6.6和表6.7所示。

表6.6　不同盐密下三种电气试验方法的结果

SDD /(mg/cm^2)	XZP-210					LXZY-210				
	U_{ave}	σ%	$U_{50\%}$	σ%	U_{fmin}	U_{ave}	σ%	$U_{50\%}$	σ%	U_{fmin}
0.03	115.1	8.1	109.7	6.6	106.2	120.1	9.1	116.9	7.3	111.6
0.05	107.3	7	102.2	7.2	100.5	118.2	8	112.6	6.1	108.5
0.08	97.7	8.2	93.8	6.8	91.	103.7	7.8	99.7	6.4	95.3.
0.12	87.4	7.8	85.8	7.1	82.8	94.4	8.1	90.9	6.8	87.3
U_{ave}为平均闪络电压，kV；$U_{50\%}$为50%耐受或50%闪络电压，kV；U_{fmin}为最低闪络电压，kV										

表6.7　不同电导率下三种电气试验方法的结果

γ_{20} /(μS/cm)	XZP-210					LXZY-210				
	U_{ave}	σ%	$U_{50\%}$	σ%	U_{fmin}	U_{ave}	σ%	$U_{50\%}$	σ%	U_{fmin}
200	135.1	6.3	130.2	3.1	125.4	140	7.2	135.3	4.3	131.6
360	117.8	6.6	113.1	3.7	107.9	127.3	7.8	122.4	3.8	108.7
630	102.9	7.2	98	4.0	94.2	109.3	6.5	104.1	3.2	100.5
1000	86	6.1	82.6	3.5	80.1	91.2	7.7	87.6	4.1	85.1
U_{ave}为平均闪络电压，kV；$U_{50\%}$为50%耐受或50%闪络电压，kV；U_{fmin}为最低闪络电压，kV										

对试验结果按式（6.8）和（6.9）进行拟合，得到不同试验方法下瓷和玻璃绝缘子串闪络电压与盐密（SDD）和覆冰水电导率（γ_{20}）的关系，如图6.2～6.5、表6.8～6.9所示。

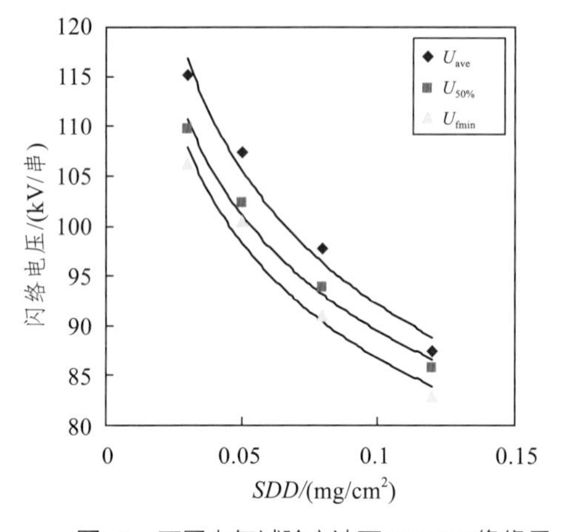

图6.2 不同电气试验方法下XZP-210绝缘子串闪络电压与盐密（*SDD*）的关系

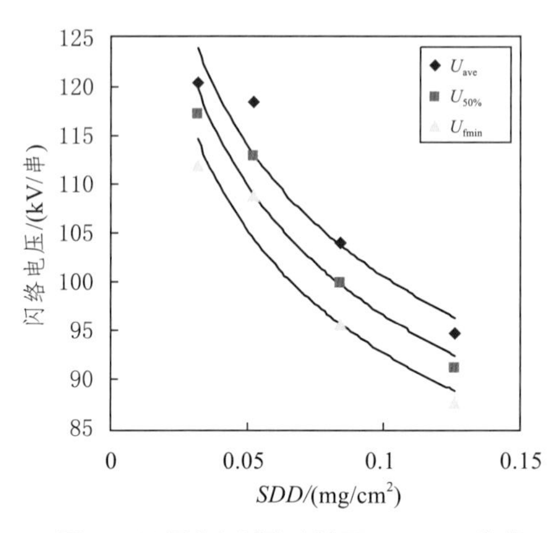

图6.3 不同电气试验方法下LXZY-210绝缘子串闪络电压与盐密（*SDD*）的关系

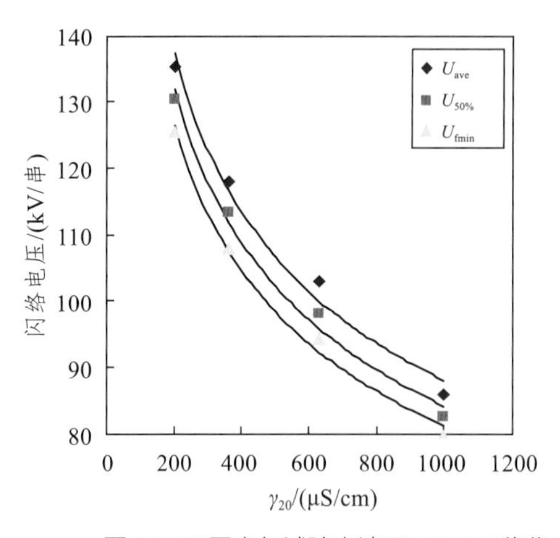

图6.4 不同电气试验方法下XZP-210绝缘子串闪络电压与覆冰水电导率的关系

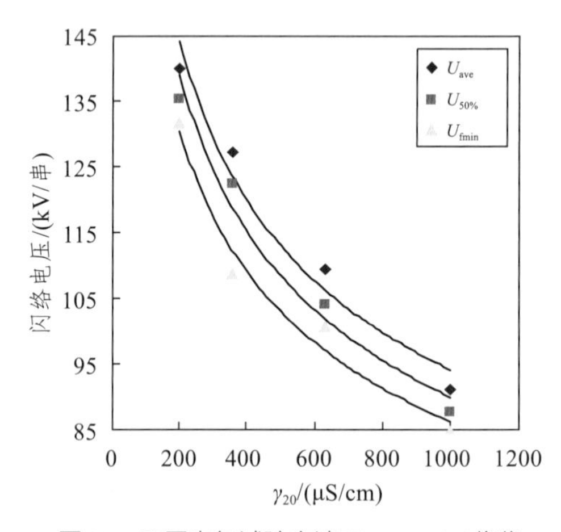

图6.5 不同电气试验方法下LXZY-210绝缘子串闪络电压与覆冰水电导率的关系

表6.8 不同电气试验方法下的*A*、*a*值

电气试验方法	XZP-210		LXZY-210	
	A	*a*	*A*	*a*
均匀升压法（U_{ave}）	58.50	0.197 2	65.36	0.182 1
恒压升降（$U_{50\%}$）	59.53	0.176 9	61.96	0.180 6
“U”形曲线法（U_{fmin}）	57.12	1.181 4	59.76	0.185 4

表6.9　不同电气试验方法下的B、b值

电气试验方法	XZP-210		LXZY-210	
	B	b	B	b
均匀升压法（U_{ave}）	587.76	0.274 8	584.43	0.264 4
恒压升降（$U_{50\%}$）	576.67	0.278 5	580.45	0.269 9
"U"形曲线法（U_{fmin}）	538.59	0.273 6	507.62	0.256 6

由图6.2～6.5、表6.8～6.9可以看出：

（1）在相同的绝缘子形式、相同的覆冰状态下，不同电气试验方法对盐密（SDD）、覆冰水电导率（γ_{20}）与绝缘子串冰闪电压的关系没有明显影响。无论采用哪一种电气试验方法，绝缘子串的直流冰闪电压与盐密（SDD）或覆冰水电导率（γ_{20}）均呈明显的幂函数关系。

（2）在相同的绝缘子形式、相同的覆冰状态下，3种电气试验方法在同一种盐密（SDD）或覆冰水电导率（γ_{20}）下所得到的冰闪电压值具有明显差异，其中均匀升压法得到的平均闪络电压最高，恒压升降法得到的$U_{50\%}$次之，"U"形曲线法得到的最低闪络电压最低。

（3）在相同的绝缘子形式、相同的覆冰状态下，$U_f = AS^{-a}$和$U_f = B\gamma_{20}^{-b}$中的特征指数a值和b值在不同的电气试验方法下没有明显差异。可以认为不同的试验方法对a值和b值没有影响。而系数A和B在不同的电气试验方法下具有明显差异，从而导致了3种电气试验方法所得到的冰闪电压值存在差异。

2. 不同试验方法下试验结果的等价关系

根据6.2.2中"1."节的试验结果，可得出不同试验方法下试验结果的等价关系。

（1）均匀升压法与升降法试验结果的等价关系。

均匀升压法不是标准推荐的方法，但却是科学研究中常用的方法。根据6.2.2中"1."节对试验结果的分析表明：均匀升压法得到的平均闪络电压（U_{ave}）高于升降

法得到的$U_{50\%}$，由表6.6、表6.7中的试验结果可得到U_{ave}与$U_{50\%}$的对应关系，如表6.10所示。

表6.10　均匀升压法与升降法试验结果的对应关系

SDD/(mg/cm^2)	R/%		γ_{20}/(μS/cm)	R/%	
	XZP-210	LXZY-210		XZP-210	LXZY-210
0.03	4.9	2.7	200	3.8	3.5
0.05	5	5	360	4.2	4
0.08	4.2	4	630	5	5
0.12	2	3.9	1 000	4.1	4.1
R=[(U_{ave}－$U_{50\%}$)/ $U_{50\%}$]×100%；$\overline{R}$=4%					

由表6.10可见，在相同试验条件下，均匀升压法得到的U_{ave}比升降法得到的$U_{50\%}$平均高出4%，因此，本节建议采用均匀升压法试验时，取R=4%，则由

$$R=\frac{U_{ave}-U_{50\%}}{U_{50\%}}\times 100\% \tag{6.9}$$

可得

$$U'_{50\%}=0.96U_{ave} \tag{6.10}$$

结合本节3.2节对均匀升压法最小样本数的研究，在置信度（1−α）为0.95、统计误差e取0.03时，在样本容量不小于20的情况下所得到的U_{ave}乘以系数0.95后可等价于$U_{50\%}$。

（2）“U”形曲线法与升降法试验结果的等价关系。

“U”形曲线法虽不是IEC标准推荐使用的试验方法，但用“U”形曲线法进行试验，能够求出融冰时覆冰绝缘子串的闪络电压与融冰时间的关系，从而求得融冰时的最低闪络电压，且其所需时间较短，在工程上有重要的参考价值。

由6.2.2中“1.”节所述，“U”形曲线法得到的绝缘子最低闪络电压（U_{fmin}）与升降法得到的$U_{50\%}$具有差异，为探求“U”形曲线法试验结果与升降法试验结果的等

价关系，本节采取了与比较U_{ave}和$U_{50\%}$等价关系相同的方法，由表6.2、表6.3中试验结果，得到了U_{fmin}与$U_{50\%}$的对应关系，如表6.11所示。

表6.11　“U”形曲线法与升降法试验结果的对应关系

SDD/(mg/cm²)	R/%		γ_{20}/(μS/cm)	R/%	
	XZP-210	LXZY-210		XZP 210	LXZY-210
0.03	3.2	4.5	200	3.7	2.7
0.05	1.6	3.6	360	5	11
0.08	3	4.4	630	3.9	3.5
0.12	3.5	4	1 000	3	2.9
$R=\left(\left\|U_{\mathrm{f\,min}}-U_{50\%}\right\|\div U_{50\%}\right)\times100\%$；$\overline{R}=4\%$					

由表6.11可见，在相同试验条件下，“U”形曲线法得到的U_{fmin}比升降法得到的$U_{50\%}$平均低出4%，因此，本节建议采用均匀升压法试验时，取R=4%，则

$$R=\frac{\left|U_{\mathrm{f\,min}}-U_{50\%}\right|}{U_{50\%}}\times100\% \tag{6.11}$$

可得

$$U'_{50\%}=1.04U_{\mathrm{fmin}} \tag{6.12}$$

“U”形曲线法与升降法试验结果的等价关系为：最低闪络电压U_{fmin}乘以系数1.04后可等价于$U_{50\%}$。

3. 不同试验方法的试验程序

结合6.2.1节2节的试验研究，覆冰试验完成后，对绝缘子串电气闪络特性的试验程序可采用50%耐受电压法、平均闪络电压法和“U”形曲线法。

（1）50%耐受电压法试验程序。

50%耐受电压法是为了得到绝缘子在覆冰期或融冰期的50%耐受或闪络电压。由于覆冰是一种特殊形式的污秽，故根据IEC-60507的推荐，50%耐受电压试验需按

《高电压试验技术第1部分：一般定义及试验要求》（GB/T 16927.1—2011）规定的程序B的条件进行[13]，且要求绝缘子在某一基准污秽度下，做不少于10次有效试验。所谓有效试验是指与前一次试验结果不同的试验为开始的试验，随后不少于9次试验。这些试验是用升高或降低电压的办法进行的。即前一次没有通过耐受（闪络总次数达到2），则降低的10%电压再做耐受试验；若通过耐受（耐受总次数达到2），则升高约10%电压再作耐受试验，反复试验直到有效试验次数在10次以上[13]。

$$\begin{cases} U_{50\%}=\dfrac{\sum\limits_{i=1}^{N}(n_i U_i)}{N} \\ \sigma(\%)=\sqrt{\dfrac{\sum\limits_{i=1}^{N}(U_i-U_{50\%})^2}{N-1}} \end{cases} \tag{6.13}$$

式中，U_i为施加电压水平，kV；n_i为在U_i电压下试验的次数，次；N为总的有效试验次数，次。第一次有效试验与下一次不同，升降法的电压级差小于10%。

（2）平均闪络电压法试验程序。

参照采用均匀升压法求取污秽绝缘子闪络电压的试验方法，为了得到覆冰绝缘子在覆冰期或融冰期的U_{ave}闪络电压，采取如下试验程序，即一串绝缘子覆冰达到预定要求后，停止喷雾，环境条件保持与覆冰时一致，然后先施加约为预计闪络电压U_y的75%，再以2%U_y/s的速率均匀上升直至闪络。参照《高压输变电设备的外绝缘配合》（GB 311.1—1997）和《高电压试验技术》（GB/T 16927.1—1997）的有关规定以及本书关于冰闪电压值的统计特性分析，覆冰绝缘子U_{ave}闪络电压采用相同覆冰条件下试验得到的不少于20个闪络电压值的算术平均值作为U_{ave}[13,16]。

在给定的覆冰条件下，用均匀升压法施加电压直至闪络。试验可以在绝缘子覆冰期或融冰期。闪络后继续覆冰，让其恢复到第一次闪络前的状态，然后进行第二次、第三次闪络，直至第n次闪络，记录每次闪络电压，取其平均值得平均闪络电压，即：

$$U_{ave}=\frac{\sum\limits_{i=1}^{m}U_f(i)}{m} \tag{6.14}$$

式中，$U_f(i)$为第i次闪络电压；m为该试品绝缘子（串）闪络试验的次数。

参照污秽绝缘子闪络电压的试验方法，其要求$U_f(i)$与U_{ave}之间的误差不超过15%，如果超过15%则认为该U_{ave}无效。

在求取U_{ave}闪络电压的过程中，覆冰绝缘子必须满足的基本条件是：

① 试验过程中覆冰状态应不发生变化，如果发生变化应重新使绝缘子覆冰。

② 相邻二次闪络之间要有足够的时间间隔，以保证上次闪络过程中电弧热熔化形成的水膜有足够的时间冻结。根据本节对大量试验的分析，提出二次闪络之间的时间间隔为3～5 min。

（3）“U”形曲线法试验程序。

采用“U”形曲线法进行试验可得到覆冰绝缘子融冰期的最低闪络电压，试验的程序如下：

① 当绝缘子表面覆冰达到预定要求时，停止喷雾并继续冷冻约15 min，然后打开人工气候室的密封门，放进暖空气或采用加热方式使冰层按要求的速度逐渐融化。

② 当覆冰层开始融化和气压达到要求（如进行高海拔试验）时，采用均匀升压法对覆冰绝缘子不断地进行重复闪络试验，并控制环境温度升高的速度为0.5～1.0 ℃/5 min，试验时最高环境温度为−2～0 ℃。每次闪络试验测量闪络电压及电流，并观察闪络现象。为使每次闪络事件具有独立性，每相邻2次闪络试验之间的时间间隔为3～5 min。

③ 当绝缘子表面冰层完全融化和脱落时，试验终止。

利用“U”形曲线法求取覆冰绝缘子在融冰期的最低闪络电压的要求：

① 必须严格控制环境温度升高的速度。温度升高太快，覆冰绝缘子的表面冰层容易脱落，绝缘子表面的污秽物质和冰层表面的导电物质容易随着水膜流失，难以得到实际的最低闪络电压。实际线路上环境温度的变化较缓慢，试验室很难以实际温度升高的速度进行试验，本节在试验中通过大量的试验摸索和分析，提出环境温度升高的速度在0.5～1.0 ℃/5 min。

② 必须严格控制闪络时的最高环境温度。环境温度太高，冰层早已融化，环境温度太低，冰层达不到自行融化的目的。通过覆冰闪络事故的分析和试验室大量的试验研究分析，“U”形曲线法试验融冰期最低闪络电压时的最高环境温度应控制在−2～0 ℃。

③相邻二次的闪络的时间间隔应控制在3～5 min。时间间隔太长，水膜以及污秽物质流失过多，难以得到实际的最低闪络电压；时间间隔太短，上次放电产生的离子没有足够的扩散时间，影响下次放电电压。

⑥“U”形曲线法的试验终止是以绝缘子表面冰层是否完全融化和脱落为参考。

6.3 本章小结

1. 复合绝缘子方面

（1）在复合绝缘子直流覆冰试验中，不同试验方法得到的绝缘子冰闪电压值有明显的差异。与均匀升压法得到的平均闪络电压相比，50%耐受电压为平均闪络电压的93.8%～95.9%。最低闪络电压相当于50%耐受电压的89.5%～93.6%，最大耐受电压相当于50%耐受电压的86.6%～88.3%。由此可知，试验方法对绝缘子冰闪电压有显著影响，在进行覆冰试验时必须考虑不同试验方法对试验结果的影响。

（2）试验方法对绝缘子冰闪电压相关参数b影响较小，绝缘子冰闪电压与覆冰水电导率之间均满足幂指数规律。

（3）几种试验方法所得到的复合绝缘子覆冰闪络电压值之间存在一定的等价性。采用最大耐受法绝缘子串得到的最大耐受电压为采用恒压升降法得到的50%耐受电压值的86%～88%；采用最大耐受法得到的最大耐受电压U_{ws}等于采用恒压升降法得到的闪络概率为10%的闪络电压值。

（4）最大耐受法、50%耐受电压法、平均闪络电压法和“U”形曲线法都可以作为覆冰绝缘子电气特性的试验方法，但“U”形曲线法只在短串覆冰绝缘子试验中较好，是否适合长串覆冰绝缘子尚需进一步探讨。本节推荐50%耐受电压法、和“U”形曲线法。

2. 盘形悬式绝缘子方面

本章根据前面章节的研究结果，对直流覆冰试方法验进行了总结，得出了以下结论：

（1）提出了盘形悬式绝缘子人工直流雨凇覆冰的参量控制条件。

（2）在相同的绝缘子形式、相同的覆冰状态下，不同试验方法对盐密（*SDD*）、覆冰水电导率（γ_{20}）与绝缘子串冰闪电压的关系没有明显影响。无论采用哪一种试验方法，绝缘子串的直流冰闪电压与盐密（*SDD*）或覆冰水电导率（γ_{20}）均呈明显的幂函数关系。

（3）在相同的绝缘子形式、相同的覆冰状态下，3种试验方法在同一种盐密（*SDD*）或覆冰水电导率（γ_{20}）下所得到的冰闪电压值具有明显差异，其中均匀升压法得到的平均闪络电压最高，恒压升降法得到的$U_{50\%}$次之，“U”形曲线法得到的最低闪络电压最低。

（4）在相同的绝缘子形式、相同的覆冰状态下，$U_{\mathrm{f}}=AS^{-a}$和$U_{\mathrm{f}}=B\gamma_{20}^{-b}$中的特征指数$a$值和$b$值在不同的试验方法下没有明显差异。可以认为不同的试验方法对a值和b值没有影响。系数A和B在不同的电气试验方法下具有明显差异，从而导致3种电气试验方法所得到的冰闪电压值存在差异。

（5）均匀升压法得到的平均闪络电压U_{ave}与升降法得到的$U_{50\%}$的等价关系为：$U'_{50\%}=0.96U_{\mathrm{ave}}$，“U”形曲线法得到的最低闪络电压$U_{\mathrm{fmin}}$与升降法得到的$U_{50\%}$的等价关系为：$U'_{50\%}=1.04U_{\mathrm{fmin}}$。

（6）提出了盘形悬式绝缘子采用升降法、均匀升压法和“U”形曲线法3种试验方法进行直流覆冰试验的试验程序。

第7章

复合绝缘子直流覆冰试验方法探讨

绝缘子覆冰试验方法目前尚没有统一的标准，综合本节的研究工作，得出复合绝缘子直流覆冰试验方法程序如下。

7.1 复合绝缘子预染污程序

覆冰绝缘子表面污秽水平可以用盐密（SDD）或覆冰水电导率（γ_{20}）来表示，分别采用固体涂层法和覆冰水电导率法来模拟绝缘子表面污秽程度，复合绝缘子预染污程序如下。

1. 试品预处理

两种预处理方式前都应该仔细清洗绝缘子，去除污物和油脂后用自来水冲洗，阴干待用。

2. 固体涂层法染污

采用固体涂层法染污前用干燥棉团在复合绝缘子表面均匀涂敷一层干燥硅藻土，再用洗耳球吹掉表面多余硅藻土，使绝缘子表面附着一层很薄的亲水性物质，暂时破坏表面的憎水性，使其憎水性处于HC4～HC5级。根据IEC标准，在固体涂层法中，用NaCl模拟导电物质，用硅藻土模拟不溶性物质。根据试品表面积和所试验的盐密/灰密，计算并称量出所需NaCl和硅藻土的量，放入洁净瓷碗中并加入适量γ_{20}<10 μS/cm的去离子水，充分搅拌成糊状，再用小排刷将全部污秽物均匀涂刷于试

品绝缘子绝缘表面，刷涂过程在1 h内完成，然后让其自然阴干24 h后进行试验，使其憎水性得到一定的恢复和迁移。

3. 覆冰水电导率法染污

覆冰水电导率法染污通过使用不同电导率的覆冰水来模拟绝缘子表面污秽的沉积。覆冰实验前根据实验所模拟的污秽度配制所需电导率的一定量的覆冰水，覆冰时将洁净的绝缘子布置在人工气候室里覆冰。

固体涂层法的试验过程比较复杂，对实验过程要求较高，污秽在绝缘子表面分布较不均匀。而覆冰水电导率法染污相对简单易行，污秽分布均匀，且试验结果表明，采用固体涂层法所得的覆冰绝缘子串的闪络电压分散性比用覆冰水电导率法要高得多。两种预染污方法之间存在一定的等价性，建议采用覆冰水电导率法。

7.2 复合绝缘子覆冰程序

为了得到较好的覆冰效果，在覆冰前，应将准备好的绝缘子预先布置在人工气候室，让绝缘子表面温度与周围环境温度相同。

1. 覆冰条件的控制

覆冰类型的不同主要是由喷头喷出的覆冰水的中值体积决定的，如软雾凇、硬雾凇、雨凇等，雨凇覆冰是最严重的覆冰形式。不同的技术，如喷淋或雾喷嘴、快速振荡洒水和压力喷嘴都可用于绝缘子的人工覆冰。也允许在没有起风装置即风速为零的情况下进行覆冰试验。

在覆冰前，应将准备好的绝缘子预先挂入人工气候室，让绝缘子表面温度与周围环境温度相同。在人工气候室模拟自然环境覆冰的过程中，人工气候室的气温、风速和喷头的喷雾量应可控且能维持稳定。覆冰水在喷洒前应预冷却至−4 ℃，覆冰水滴直径的大小应控制在100 ~ 120 μm，覆冰时人工气候室温度应控制在−4 ~ −8 ℃是覆冰雨凇速度最快的温度，风速为3 m/s左右，为了得到垂直的冰柱，不宜超过5 m/s。

风和喷淋水与覆冰表面的法向方向宜取约45℃。喷淋速率可根据覆冰实际情况控制，覆冰水的喷淋速度为（60±2）L/（h·m^3），或者降雨量为(60±20) mm/h。水平进而垂直的喷淋强度应该在室温下测量，采用标准量雨器，它包含两个分开的100~200 cm^3的收集容器：一个水平，一个垂直，垂直的容器朝向喷头。

为了更理想地模拟现场运行的绝缘子自然覆冰过程，在覆冰过程中应当对绝缘子施加相对应的运行电压。电场的存在对覆冰的增长有影响，特别是冰柱的发展，会影响沿绝缘子串的空气中的间隙。这些间隙的位置、数量和长度会引起电场畸变，但也可以用不带电覆冰代替带电覆冰。

2. 绝缘子覆冰特征量的测量

在人工覆冰过程中对覆冰特征量的测量采用临近试品的金属棒或管（直径为20~30 mm，长约600 mm，转速为1 r/min）。金属管的纵向轴应该是水平的，整根管子与试验绝缘子要有相同的覆冰条件，每个圆柱体至少要进行3次覆冰厚度的测量。冰柱完全桥接伞裙常常是需要测量的临界点。

绝缘子覆冰重量也是影响覆冰绝缘子闪络电压的重要因素，所以在覆冰完成后要进行绝缘子串覆冰重量的测量。覆冰过程中还要进行覆冰密度的测量。覆冰密度的测量采取排液法。

7.3 覆冰绝缘子电气特性试验程序

覆冰绝缘子的电气特性试验方法可以分为覆冰期试验和融冰期试验。

1. 最大耐受法

在给定的污秽及覆冰条件下，对绝缘子进行一系列单元试验，每一次试验应在一系列电压水平值中任选其一，试验次序不固定。

（1）当在任一电压水平下发生闪络的最后的单元试验总数达到两次，在相同或更高电压水平下不再进行试验。

（2）当在任一电压水平下结果为耐受住的单元试验总数达到3次时，在相同或更低电压水平下不应再进行试验。

如果在任一电压水平下的单元试验的结果有3次耐受住，并且在下一个更高的电压水平下有2次单元试验为闪络，则认为所施加的这个电压是在该污秽及覆冰条件下的最大耐受电压。

最大耐受法虽然反映了覆冰绝缘子现场运行状况，但该方法试验程序烦琐、试验周期长、成本高。

2. 50%耐受电压法

采用恒压升降法进行试验，即前一次没有通过耐受，则降低约10%电压再做耐受试验，若通过耐受，则升高约10%电压再做耐受试验，电压级差不大于预期50%耐受电压的10%。产生的结果与前面一次试验结果不同的第一次试验，选作为第一个“有效”的试验，反复试验直到有效试验次数在10次以上，共进行至少10次有效试验，然后求取50%耐受电压及相应标准偏差。

本节认为当产生结果为闪络时，下一次试验施加电压应为该次闪络电压值上降低一个级差水平。

3. 平均闪络电压法

通过均匀升压法确定覆冰绝缘子平均闪络电压，每串试品最多进行3次闪络试验，在给定污秽及覆冰条件下共进行至少10次闪络试验，且各次闪络电压与平均值之差的绝对值不大于均值的15%，平均闪络电压为所有闪络电压的平均值。

在求取U_{ave}闪络电压的过程中，覆冰绝缘子必须满足的基本条件是：①闪络期间温度保持在覆冰期的温度，也就是说，U_{ave}闪络电压是模拟覆冰过程中绝缘子的电气特性；② 试验过程中覆冰状态应不发生变化，如果发生变化应重新使绝缘子覆冰；③ 相邻两次闪络之间要有足够的时间间隔，以保证上次闪络过程中电弧的热熔化形成的水膜有足够的时间冻结。根据重庆大学的经验，一般来说两次闪络之间的时间间隔为3 ~ 5 min。

均匀升压法不作为标准的试验方法，但其试验程序简单快速，能在较短时间内得到大量试验数据，可作为特殊目的使用。

4. “U”形曲线法

通过“U”形曲线法可求取覆冰绝缘子串最低闪络电压，试验在融冰期采用升压法进行多次重复试验，直至绝缘子伞裙间冰凌桥接明显断裂和脱落，或闪络电压明显偏高，由该试验方法得到的闪络电压与闪络次数呈现“U”形曲线，“U”形曲线的最低电压即为最低闪络电压。

采用“U”形曲线法进行试验的程序：

① 当绝缘子表面覆冰达到预定要求时，停止喷雾并继续冷冻约15 min，然后打开人工气候室的密封门，放进暖空气或采用加热方式使冰层按要求的速度逐渐融化。

② 当覆冰层开始融化和气压达到要求（如进行高海拔试验）时，采用均匀升压法对覆冰绝缘子不断进行重复闪络试验，每次闪络试验测量闪络电压及电流，并观察闪络现象。为使每次闪络事件具有独立性，每相邻2次闪络试验之间的时间间隔为3～5 min。

“U”形曲线法只用于融冰期，且目前在串长大于1 m的绝缘子上的试验可靠性尚待进一步验证。但由“U”形曲线法得到的覆冰绝缘子最低闪络电压反映了融冰期闪络电压的变化规律，其最低闪络电压代表了现场绝缘子最有可能闪络的情况。本节推荐50%耐受电压法和“U”形曲线法作为覆冰绝缘子电气特性的试验方法。

参考文献

[1] 孙才新，司马文霞，舒立春．大气环境与电气外绝缘[M]．北京：中国电力出版社，2002．

[2] 舒印彪．我国特高压输电的发展与实施[J]．中国电力，2005，38（11）：1-8．

[3] IMAI I. Studies of ice accretion[J]. Res, Snow Ice, 1953，1: 35-44.

[4] DAISUKE K. Icing and snow accretion[J]. Monograph Series of the Research Institute of Applied Electricity, 1958, 6: 1-30.

[5] 王守礼，李家垣．云南高海拔地区电线覆冰问题研究[M]．昆明：云南科技出版社，1993．

[6] CHAMESKI M D. Flashover tests of artificially insulator[J]. IEEE Trans. PAS-101, 1982, 8: 2429-2433.

[7] 蒋兴良，易辉．输电线路覆冰及防护[M]．北京：中国电力出版社，2002．

[8] CHEN X. Modeling of electrical arc on polluted ice surface[M]. Canada: PH.D Dissertation, 2000.

[9] FARZANEH M, MELO O T. Properties and effect of freezing and winter fog on outline insulators[J]. Journal of Cold Regions Science and Technology, 1990,（19）: 33-46.

[10] JIANG X L, Shu LC. Chinese transmission lines' icing characteristics and analysis of severe ice accidents[J]. International Journal of Offshore and Polar Engineering, 2004, 14（3）: 196-201.

[11] 蒋兴良，马俊，王少华．输电线路冰害事故及原因分析[J]．中国电力，2005，38（11）：27-30．

[12] FARZANEH M, MELO O T. Properties and effect of freezing and winter fog on outline insulators[J]. Journal of Cold Regions Science and Technology, 1990, 23（19）: 33-46.

[13] KUROIWA D. Icing and snow accretion on electric wires[J], U.S. Army Cold Regions

Research and Engineering Laboratory, 1965: 1-10.

[14] 蒋兴良. 输电线路导线覆冰机理和三峡地区覆冰规律及影响因素研究[D]. 重庆: 重庆大学，1997.

[15] PHAN L C, MATSUO H. Minimum flashover voltage of iced insulators[J]. IEEE Transactions on Electrical Insulation, 1983, EI-18(6) : 605-618.

[16] FARZANEH M, KIERNICKI J. Flashover problems caused by ice built-up on insulators[J]. IEEE Electr Insul. Mag, 1995,11:5-17.

[17] 谢述教，蒋兴良，等. 覆冰绝缘子直流闪络特性研究现状[J]. 高电压技术，2004，30（1）：16-18.

[18] 孙才新，蒋兴良，等. 导线覆冰及其干湿增长临界条件分析[J]. 中国电机工程学报，2003，23（3）：141-145.

[19] FARZANEH M, BAKER T .Insulator icing test methods and procedures: a position paper prepared by the IEEE task force on insulator icing test methods[J]. IEEE Trans Power Delivery, 2002, 18（10）:1503 -1515.

[20] FARZANEH M, et al.Dynamic modeling of DC arc discharge on ice surfaces[J]. IEEE transactions on electrical Insulation, 2003, EI-10（3）: 463-474.

[21] FARZANEH M, KIERNICKI J. Flashover Performance of ice-covered Insulators[J]. Canadian Journal of Electrical and computer Engineering, 1997, 22(3) : 95-109.

[22] SUGAWARAN, TAKAYAMA, et al. Withstand voltage and flashover performance of iced insulators depending on the density of accreted Ice[J]. IWAIS, 1993:116-119.

[23] 蒋兴良，等. 绝缘子覆冰及其电气试验方法探讨[J]. 高电压技术，2005，31（5）：4-6.

[24] FARZANEH M, et al. Flashover performance of IEEE standard insulators under ice conditions[J]. IEEE Trans Power Delivery, 1997, 12（4）:1602 -1613.

[25] 张志劲，蒋兴良，马俊，等. 高压输电线路绝缘子的覆冰及对电气强度的影响[J]. 中国电机工程学报，2006，26（4）：140-143.

[26] JIANG X L, ZHANG Z J, SHU L C, et al. Study on icing of energized insulators with AC service voltage and electrical performance[C]. Conference Record of the 2004 IEEE International Symposium on Electrical Insulation, 2004: 19-22.

[27] HU J L, SHU L C, et al. AC withstand voltage performance of 110 kV iced composite insulators[J]. 2004 IEEE International Symposium on Electrical Insulation, Indianapolis, IN USA, 2004:19-22.

[28] FARZANEH M, DRAPEAU J F. AC flashover performance of insulators covered with artificial ice[J]. IEEE Transactions on Power Delivery, 1995, 10（2）:1038-1046.

[29] 司马文霞，蒋兴良，武利会，等．低气压下覆冰染污10 kV合成绝缘子直流电气特性[J]．中国电机工程学报，2004，24（7）：122-126.

[30] CHERNEY. E A. Flashover Performance of artificially contaminated and iced LONG-ROD transmission lion insulators[J]. IEEE Tran. On power Apparatus and systems, 1980, PAS-99（1）:46-52.

[31] CHERNEY E A, et al. The AC clean-fog test for contaminated insulators[J]. IEEE Transactions on Power Apparatus and Systems, 1983, PAS-102（3）:604-613.

[32] FARZANEH M, et al. Effects of low air pressure on AC and DC arc propagation on ice surfaces[J]. IEEE Transactions on Dielectrics and Electrical Insulation, 2005, 12（1）:60-71.

[33] 蒋兴良，孙才新，司马文霞，等．10 kV合成绝缘子覆冰交流闪络特性及冰闪过程的研究[J]．中国电机工程学报，2002，22（8）：58-61.

[34] 魏远航，武利会，王成华．大气环境对合成绝缘子的憎水性影响分析[J]．高电压技术，2006，32（5）：31-34.

[35] FARZANEH M, LAFORTE J L. The effect of voltage polarity on ice accretions on short string insulators[J]. Journal of Offshore Mechanics and Arctic Engineering, 1991, 113: 179-184.

[36] FARZANEH M, LAFORTE J L. The effect of voltage polarity on icicles on line insulators[J]. International Journal of Offshore and Polar Engineering, 1992, 4（2）: 297-302.

[37] 武利会，蒋兴良．低气压覆冰条件下直流绝缘子的极性效应[J]．高电压技术，2005，31（3）：22-25.

[38] 国家能源局．高压交流系统用复合绝缘子人工污秽试验：DL/T 859—2015[S]．北京：中国电力出版社，2015.

[39] IEC. Artificial pollution tests on high-voltage insulators to be used on d.c. systems: IEC/TR 61245:1993[S]. IEC International Standard, 1993.

[40] 杨虎，刘琼荪，钟波．数理统计[M]．北京：高等教育出版社，2004.

[41] 王秉钧，谈克雄．数理统计在高电压技术中的应用[M]．北京：水利电力出版社，1990.

[42] 统计学应用、试验方法的准确性、试验室试验指南：NFX06.041[S]. 1970.

[43] 孙才新，舒立春，等. 高海拔、污秽、覆冰环境下超高压线路绝缘子交直流放电特性及闪络电压校正研究[J]. 中国电机工程学报，2002，22（11）：115-120.

[44] 贾逸梅，粟福珩. 高压输电线路绝缘子的覆冰及对电气强度的影响[J]. 中国电力，1994，3：9-13.

[45] 谢述教. 直流绝缘子（长）串覆冰闪络特性研究[D]. 重庆：重庆大学，2004.

[46] 张志劲，蒋兴良，等. 低气压下特高压直流污秽复合绝缘子覆冰闪络特性[J]. 中国电机工程学报，2008，28（6）：7-11.

[47] 张仁豫. 绝缘污秽放电[M]. 北京：中国水利水电出版社，1994.

[48] 杨庆. 覆冰绝缘子沿面电场特性和放电模型研究[D]. 重庆：重庆大学，2006.

[49] 王岩. 污秽覆冰绝缘子（长）串交流闪络特性和过程研究[D]. 重庆：重庆大学，2004.

[50] 武利会. XZP/XZWP4-160 直流绝缘子覆冰闪络电弧特性的研究[J]. 中国电力，2006，39（8）：25-28.

[51] 田玉春，蒋兴良，等. 高海拔地区 10 kV 合成绝缘子覆冰闪络特性[J]. 高电压技术，2002，28（6）：13-15.

[52] RAVELOMANANTSOALN, FARZANEHL, CHISHOLM W A. Insulator pollution processes under winter condition[C]. Annual Report Conference on Electrical Inusulation and Dielectric Phenomena, 2005, 321-324.

[53] FARZANEHM. Ice accretion on high-voltage conductors and insulators and related phenomena[J]. Philos.Trans.Roy.Soc., 2000, 2（4）: 2971-3005.

[54] FARZANEHM. Electric field calculation around ice-coved insulator using boundary element method[J]. IEEE Int.Symp.Elect.Insulation, Anaheim, 2000, A（4）: 349-355.

[55] 马俊，蒋兴良，张志劲，等. 交流电场对绝缘子覆冰形成的影响机理[J]. 电网技术，2008，32（5）：7-11.

[56] 司马文霞，邵进，杨庆. 应用有限元法计算覆冰合成绝缘子点位分布[J]. 高电压技术，2007，33（4）：21-25.

[57] FARZANEH M. Vibration of high voltage conductors induced by corona-induced vibration of hanging metal points[J]. IEEE Trans on Power Appl. & Syst., 1984, 103（9）:105-116.

附表C

表1 W检验中的系数a_i表

n_i	11	12	13	14	15	16	17	18	19
1	0.5601	0.5475	0.5359	0.5251	0.5150	0.5056	0.4963	0.4886	0.4808
2	0.3315	0.3325	0.3325	0.3318	0.3306	0.3290	0.3273	0.3253	0.3202
3	0.2260	0.2347	0.2412	0.2460	0.2495	0.2521	0.2540	0.2553	0.2561
4	0.1429	0.1586	0.1707	0.1802	0.1878	0.1939	0.1988	0.2027	0.2059
5	0.0695	0.0922	0.1099	0.1240	0.1353	0.1447	0.1524	0.1587	0.1641
6	0.0000	0.0303	0.0539	0.0727	0.880	0.1005	0.1109	0.1197	0.1271
7			0.0000	0.0240	0.0433	0.0593	0.0725	0.0837	0.0932
8					0.0000	0.0196	0.0359	0.0496	0.0612
9							0.0000	0.0163	0.0303
10									0.0000

n_i	20	21	22	23	24	25	26	27	28
1	0.4734	0.4643	0.4590	0.4542	0.4493	0.4450	0.4407	0.4366	0.4328
2	0.3211	0.3185	0.3156	0.3126	0.3098	0.3069	0.3043	0.3018	0.2992
3	0.2565	0.2578	0.2571	0.2563	0.2554	0.2543	0.2533	0.2522	0.2510
4	0.2085	0.2119	0.2131	0.2139	0.2145	0.2148	0.2151	0.2151	0.2151
5	0.1686	0.1736	0.1764	0.1787	0.1907	0.1822	0.1836	0.1848	0.1857
6	0.1334	0.1399	0.1443	0.1480	0.1512	0.1539	0.1563	0.1584	0.1601
7	0.1013	0.1092	0.1150	0.1201	0.1245	0.1283	0.1316	0.1346	0.1372
8	0.0711	0.0804	0.0878	0.941	0.0997	0.1046	0.1089	0.1228	0.1162
9	0.0422	0.0530	0.0618	0.696	0.0764	0.0823	0.0876	0.0923	0.0965

续 表

10	0.0140	0.0263	0.0368	0.459	0.0539	0.0610	0.6720	0.0728	0.0778
11		0.0000	0.0122	0.228	0.0321	0.0403	0.0472	0.0540	0.0595
12				0.0000	0.0107	0.0200	0.0284	0.0358	0.0424
13						0.0000	0.0094	0.0178	0.0253
								0.0000	0.0034

表2 W的极限值表

n	11	12	13	14	15	16	17	18	19
W(5%)	0.850	0.859	0.866	0.874	0.881	0.877	0.892	0.897	0.901
W(1%)	0.792	0.805	0.814	0.825	0.835	0.844	0.851	0.858	0.863
n	20	21	22	23	24	25	26	27	28
W(5%)	0.905	0.908	0.911	0.914	0.916	0.918	0.920	0.923	0.924
W(1%)	0.868	0.873	0.878	0.881	0.884	0.888	0.891	0.894	0.896